건강하고 행복한 삶을 위하여 _____ 님께

드립니다

년   월   일

포기하지 않아서 기적을 만나다!

포기하지 않아서 기적을 만나다!

초판 1쇄 인쇄 2022년 07월 29일
　　1쇄 발행 2022년 08월 20일

지은이　　　홍진기
발행인　　　이용길
발행처　　　**모아북스**
　　　　　　　MOABOOKS

관리　　　　양성인
디자인　　　이룸
총괄　　　　정윤상

출판등록번호　제 10-1857호
등록일자　　1999. 11. 15
등록된 곳　　경기도 고양시 일산동구 호수로(백석동) 358-25 동문타워 2차 519호
대표 전화　　0505-627-9784
팩스　　　　031-902-5236
홈페이지　　www.moabooks.com
이메일　　　moabooks@hanmail.net
ISBN　　　979-11-5849-187-1　03570

모아북스 는 독자 여러분의 다양한 원고를 기다리고 있습니다.
(보내실 곳 : moabooks@hanmail.net)

2년 동안 뇌경색 극복한 홍진기 회장의

포기하지 않아서 기적을 만나다!

홍진기 지음

모아북스
MOABOOKS

왕성한 사회활동 중 갑자기 찾아온 뇌경색. 아직 할 일도, 할 수 있는 일도 많은 나이인데, 본인에게 닥치리라고는 꿈에도 생각지 않았던 장애, 그것도 몸 오른편을 전혀 쓸 수 없는 상태로 언제, 어디까지 회복이 가능할 것인지 아무도 시원하게 답해주지 못하는 막막한 고통의 순간에서도, 저자는 본인을 다시 일으키고, 삶을 다시 시작하고자 다짐하며 부단히 노력해왔습니다. 그렇게 보낸 2년이라는 세월이 결실을 맺었습니다.

참으로 지난한 과정 동안 하루도 고삐를 늦추지 않고 달려온 세월이 가져다준 열매에 뜨거운 박수와 찬사를 보냅니다.

　　그간 저자의 재활치료 과정을 지켜보면서, 자신을 사랑하는 것이야말로 성공적인 재활을 위해 가장 중요한 요소임을 재활의학과 전문의로서 인정하지 않을 수 없었습니다. 또한 병실에서 보여주신 다른 환우들에 대한 저자의 사랑과 배려에 그들을 책임지는 기관의 대표로서 깊은 감사를 드립니다.

　　아무쪼록 이 책을 통하여 저자의 경험이 장애를 만난 환우들과 가족들에게 새 희망을 주고, 재활치료 과정 중 힘들고 지치는 시간을 견디고 이겨낼 수 있는 긍정의 힘으로 전달되기를 간절히 소망합니다. 또한 저자의 여생이 정금같이 빛나기를 기원합니다.

평택비전병원장 조은수

사람들이 모두 두려워하는 병이 갑자기 덮쳤습니다. 저는 아무 준비도 되어 있지 않았고 마비가 온 뒤에는 더욱 할 수 있는 일이 없었습니다. 해야 할 일이 많고 할 수 있는 일이 많은 시기에 온몸의 오른쪽을 쓸 수 없게 됐다는 현실을 도저히 인정할 수 없었습니다. 하늘이 원망스러웠고 분노가 치밀었으며 곧 포기와 수긍의 단계를 거쳤습니다.

아무 징조도 없이 어떻게 이렇게 하루아침에 사람을 옴짝달싹 못 하게 할 수 있다는 말인가! 비슷한 경우를 당한 주위 사람들을 보니 이럴 때 거의 포기하고 누워 지내는 쪽을 택하는 것 같았습니다. 그러나 저는 그러기 싫었습니다.

저에게 닥친 현실을 인정하고 싶지 않았습니다. 분명히 예전과 같은 일상을 되찾을 수 있다고 믿었습니다.

이를 악물고 재활치료를 했습니다. 복도, 병원 주변, 계단 등 움직일 수 있는 공간이라면 어디라도 돌아다녔습니다. 스케줄에 맞춰 재활훈련도 성실하게 해냈습니다. 주변에서 도와주신 의료진과 격려해준 가족, 동료들이 없었다면 불가능했을지도 모릅니다. 그러나 솔직히 말해서 저의 의지가 더 강렬했습니다. 몸을 마비시키는 병마의 사악한 의도보다, 예전의 몸 상태로 회복하겠다는 제 의지가 더 거대했습니다.

병원에 처음 들어왔을 때는 침대에 누워서 꼼짝도 못 했는데, 2년이 지난 지금은 글도 쓰고 혼자 밥도 먹고 남의 도움 없이 일상 행동 대부분을 하게 되었습니다. 그동안 포기하고 싶고 그만두고 싶을 만큼 힘든 날도 무수히 많았지만, 하루에도 수십 번씩 '다시 힘을 내자'는 자기암시를 통해 견뎌냈습니다. 그런 날이 셀 수도 없이 많았습니다. 그럴 때 포기했다면 어땠을까요? 육체는 수월해졌겠지만 저의 본모습은 더욱 망가졌으리라 생각합니다. 결국 '몸은 마음이 지배한다'는 사실을 저는 조금 깨닫게 되었습니다. 포기하지만 않으면 바꿀 수 있습니다. 간절하게 원한다면, 시간은 오래 걸리겠지만, 결국 손에 넣을 수 있습니다.

어느 날 찾아온 뇌경색으로 오른쪽 반신이 마비되어 장애인이 되다시피 했고, 희망의 격려를 보내준 사람이 거의 없는 상황에서도 저는 꿋꿋이 버텼습니다. 저 자신을 믿었습니다. 다시 돌아갈 수 있다고 확신했습니다. 그렇게 2년 넘는 세월을 버텼습니다. 그 결과는 지금 여러분이 보시는 바와 같습니다. 외부의 역경과 고통은 절대 사람의 내면을 장악하지 못합니다. 가느다란 틈이라도 있다면, 굳은 의지만 꼭 붙들고 나아가야 합니다. 저는 이 말을 전해드리기 위해, 병상에서 천천히 손을 놀려 제 일상을 기록했습니다. 고통은 쉽게 잦아들지 않았지만 하루하루 조금씩 나아졌습니다.

지금 생각하니 제 인생에는 두 번의 큰 변화가 있었습니다. 뇌경색이 온 날, 제 인생은 한순간에 뒤바뀌었습니다. 그러나 지금 그것을 저는 또 한 번 바꿨습니다. 앞으로도 저에게 많은

일이 일어날 것이고, 생각지 못한 변화가 찾아오겠지만 저는
두려워하지 않고 계속 살아가려 합니다.

　제가 겪은 일과 그것을 헤쳐 나온 과정이 뇌병변 환자들에게
희망을 주고 용기를 북돋고 좋은 변화를 일으킬 수 있는 실마
리가 되었으면 합니다. 앞으로도 저는 계속 노력하려 합니다.
몸이 불편하신 모든 분의 쾌차를 빌어드립니다. 매일매일 조금
씩 나아지실 겁니다. 꼭 그렇게 되기를 기원합니다.

홍진기

차례

1장

나의 이야기

에게는 너무나도 큰 도움이 되었습니다. 그래서 지금까지 26개월 동안 운동과 치료를 하고 있습니다.

처음에는 몰랐지만 제가 좋아지는 결과를 보면서, 더욱 더 평택비전병원이 저에게는 큰 기쁨이고 또 큰 선물이라는 것을 간절히 느낍니다.

재활병원에 처음 오면 평가를 받습니다. 몸 상태가 어떤지 평가를 하는 것이지요. 여러 가지 작업과 운동으로 평가를 하는데 작업에서는 손을 보고 운동 쪽에서는 다리를 봅니다.

저는 오른쪽 편 마비이기 때문에 오른쪽을 꼼짝도 못 하는 상태였습니다. 그때 평가하시는 치료사님이 저에게 "팔이 먼저입니까, 다리가 먼저입니까" 할 때 저는 당연히 팔이 먼저라고 했습니다. 다리는 휠체어도 있고 여러 가지 할 수 있는 방법이 있으니 다리보다는 팔의 회복이 더 중요하다고 생각했지요.

그 담당 선생님이 "보통 다른 분들은 전부 다리라고 하셨는데 아버님은 참 예외적"이라고 하면서 "팔이 다리보다 2배 내지 3배 늦게 돌아온다"고 해서 저는 그때부터 마음을 먹었습니다. 팔 운동을 먼저 열심히 한다는 각오 아래 정말 열심히 했습니다. 최선을 다해서 팔 운동에 모든 것을 쏟아 부었죠.

제가 운동치료를 하면서 여러 가지를 느꼈지만 이곳에서 선생님들이 환자를 대하는 모습이 정말 천사 같습니다.

첫날 운동치료를 하러 왔을 때는 느끼지 못했습니다. 그냥 '내가 여기 왜 있는가?', '아, 믿고 싶지 않다' 하는 마음뿐이었습니다. 앞에 보이는 모든 환자들과 나는 다르다고 저는 생각을 했어요. 내가 환자라는 것을 느끼고 운동을 한다는 것이 너무 어처구니없다고 생각을 했어요. 현실을 인정하지 못하니 힘들었죠.

운동치료를 하면서 처음 약 2주간은 거의 운동을 못 했습니다. 내가 여기 왜 와 있는지도 모르겠고, '내가 무슨 큰 잘못을 했길래 이곳에 온 것인가' 하는 생각 때문에 적응하기가 굉장히 어려웠습니다. 잠을 잘 때마다 통증에 시달렸는데 그것은 지금도 잊히지가 않습니다.

좌측으로 누우면 오른쪽 팔이 그냥 널브러져 있으니 몸과 팔의 어깨 부위가 찢어지는 고통으로 밤에 수없이 힘들어했고 소리 없이 많이 울었습니다.

그 2주 동안에 저는 치료보다는 퇴원을 하려고 했습니다. 도저히 병원 생활은 힘들다고 생각했거든요. 휠체어 사오라고 얘

기했고 전동 휠체어까지도 얘기를 했죠. 하지만 가족들이 '몇 개월만 해보자' 라고 격려해 주었습니다. '그래, 한번 해보자' 하는 마음이 저에게 다가왔어요.

'그래, 다시 한 번 해보자. 병과 싸워서 이겨서 제2의 인생 멋지게 만들어 보자' 는 생각을 하게 됐습니다. 하지만 그게 그렇게 만만치는 않았습니다.

하루에 잠도 몇 시간 자지 않고 생전 잘 하지도 않던 스쿼트 운동을 시작했습니다. 휠체어를 뒤에 받쳐 놓고 창밖으로 지나가는 자동차 불빛과 아파트 단지에 불빛을 보며 눈물을 머금고 하루에 스쿼트를 180개, 200개씩 매일 하루도 빼놓지 않고 했습니다. 정말 피나는 노력을 했던 것 같습니다.

'6개월이 황금기' 라기에, 저는 6개월만 열심히 하면 퇴원인 줄 알았습니다. 그러나 나중에 알아보니, 황금기 6개월이라는 것은 그 기간이 제일 운동 효과가 많은 기간이라 '지팡이를 짚고 다닐 것이냐, 휠체어를 탈 것이냐' 가 판가름되는 시기라고 하더군요.

저는 열심히 한 결과 운 좋게도 4개월 만에 지팡이를 짚고 치료실에 들어갔습니다. 그 모습을 보고 여러 선생님이 환영을 해주시기도 했습니다. 하지만 며칠 뒤 담당 선생님이 바뀌고 나서 '지팡이는 아직 짚지 말라' 하는 지시에 약 3개월간 다시 휠체어를 타게 되었지요. 총 8개월 동안 휠체어를 탔습니다.

이후 6월 1일자로 천원정 선생님을 만났습니다. 지금까지도 함께 운동치료를 받고 있습니다. 코어가 약하다는 지적으로 계속해서 코어 운동을 시작했습니다. 뱃살은 나와 있었고 하체는 부실했습니다. 바닥이었던 체력을 수개월 만에 강인한 체력으로 만들고 또 지금 이렇게 걸을 수 있게 된 동기를 부여해주신 분이기도 합니다. 항상 고맙고 감사하게 생각합니다.

이주희 부팀장님의 조언이 운동치료에 큰 도움이 되었습니다. 언제나 상의하면 시간을 내주시는 고마운 선생님이셨죠. 잊지 못할 것입니다.

2020년 7월에 스트레스로 치아를 4개나 발치하고 2021년 3월에는 탈모가 동전 크기만큼 세 개나 생겨났습니다. '아직 마음을 못 내려놨나' 하는 생각이 듭니다. 이젠 버릴 건 버려야 하

마음에서 이런 글을 숨김없이 쓰고 있답니다.

앞으로도 많은 일이 있고 변화가 있겠지만 26개월이라는 시간을 견뎌 좋은 결과가 나온 만큼 퇴원 후에도 노력할 계획입니다. 저 같은 뇌질환 환자들에게 희망과 용기를 줄 수 있는 재능 기부를 하고 싶고 그들에게 도움을 주는 사람이 진심으로 되고 싶습니다.

고마운 사람들도 많았지만 저에게 아픔을 준 사람도 꽤 있었습니다. 그들을 다 용서할 수는 없겠지만 용서하려고 최대한 애써보려고 합니다. 앞으로 제가 어떤 일을 하고 어떤 행동을 하더라도 좀 더 사려 깊은 사람이 되려고 노력할 것입니다.

내일이면 26개월이 되는 날입니다. 쉼 없이 달려 운동치료를 했습니다. 이제 하루 1만 보 이상을 걸으며 많이 좋아지는 것을 느끼지만 퇴원 후에 더 힘들 것 같다는 생각이 듭니다.

준비도 많이 했지만, 그래도 두렵기도 합니다. 처음 입원했을 때는 손만이라도 자유스럽기를 바랐지만 이제 글씨도 쓰고 걷기도 합니다. 어렵고 힘든 싸움이었습니다. 하루하루가 단조로웠던 시간이었고요.

비결이 무엇이었나 생각해봅니다. 목표가 있어야 하며 의지도 필요합니다. 몸 관리와 정신적 관리가 필요한 것이 재활입니다. 입원 날짜가 있지만 퇴원 날짜가 없는 것이 본인에게나 가족에게도 많이 힘든 부분입니다. 2년 이상의 공백기간 동안 많은 것을 잃어버렸습니다. 하지만 얻은 것도 있습니다. 그것은 바로 건강과 맑은 정신입니다.

남은 35일 '한번 해보자!', '나는 할 수 있다!' 라는 마음으로 하루하루 열심히 최선을 다해 걷고 또 걷습니다. 재활운동 평가도 이제 꽤 높은 점수를 받고 있습니다. 하루에 1만 보 걷기는 굉장히 어려운 목표지만 나와의 약속이기에 성실히 해내고 있습니다.

가족에게는 늘 미안한 마음입니다. 죄인 같은 마음이 들기도 하지만 그들이 있어 지금 여기까지 온 듯합니다. 참으로 어려운 시기였습니다. 병원 생활을 하면서 제가 생각한 3無라는 것이 있습니다. 3無란 학력, 금전, 나이입니다. 몸 아픈 사람에게 이런 것은 필요 없습니다. 먼저 열심히 치료해서 퇴원하는 것이 우선이라고 생각합니다.

이제는 퇴원 준비를 해야 할 시기가 왔습니다. 한 달 정도 준비를 해야 합니다. 시간이 갈수록 정신적 피로감이 높습니다. 적응해야 합니다. 운동이 힘들지만 그동안의 결과로 봐서는 더욱 열심히 해야 한다고 느낍니다. 병원 생활은 반복되는 일상이지만 그 생활을 이겨내고 최선을 다해야만 재활에 성공할 수 있다고 생각합니다. 오늘도 변함없이 1만 보 걷기를 하고 들어왔습니다.

수시로 들러 식사와 커피 그리고 대화를 나눠주던 문춘식, 이종석, 참 고마운 친구들입니다.

치료실 이종현 실장님, 입원한 지 며칠 만에 마비된 오른손 엄지를 펴는데 찢어지는 듯한 느낌과 통증이 3주 동안 이어지던 것이 생각납니다. 안주현 팀장님의 도수치료

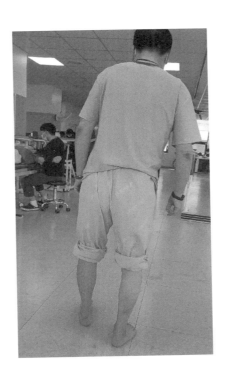

때 걸음마로 시작했던 기억, 이주희 부팀장님의 수많은 조언, 박나래 주임님의 '힘을 쓸 만큼만 쓰세요!' 라던 격려, '제가 아버님 비서실장' 이라고 웃음을 주던 김은미 선생님, 스쿼트 운동 때 조언해주신 유연희 선생님, 차선욱 선생님의 결혼식, 이현희 선생님의 4개월 운동치료, 최영롱 부팀장님의 작업치료 손 운동……. 모든 치료 과정과 도와주신 분들이 생각납니다.

이렇게 글을 써낼 만큼 치료에 도움을 주신 이 모든 분과 26개월 함께 해주신 선생님들께 진심으로 감사드립니다.

2장

병중 일기:

병원에서의 일상

2021년 2월 28일

오늘부터 100일 도전을 하게 되었다.

첫날, 60분을 혼자 걸었다. 빌딩 후문에서 정문까지 2회.

정문에서 농협 가는 길로 걷다 희루 커피숍에 오니 힘이 들었
다. 기쁨과 희열을 느끼며 병실에 와서 '너 잘했다' 하고 자축.

3월 1일

비가 온다. 나갈 수는 없지만 층계에 도전해보기로 했다.

계단을 오르기는 해봤지만 내려가는 것은 처음이다.

해보자.

된다. 5층에서 1층까지, 1층에서 5층까지. 2번 왕복 54분이
걸렸다. 하면 늘겠지. 도전 2일.

3월 2일

저녁 식사 후 운동화를 벗지 않고 있다.

식후 10분 뒤 층계 도전.

내려갈 때는 난간과 벽을 잡고 가고 오를 때는 오른발 왼발을
번갈아가며 오르니 된다.

40분 만에 두 번 왕복. 14분을 줄였다.

3층에서 방사선과 선생님이 뛰어 내려간다.

"나중에 식사 한번 해요~."

"네~."

부럽다.

3월 3일

오늘은 오후 외출 후 지하주차장에서 5층까지 걸어 올라왔다. 신기하다. 96일 후 정장을 입고 퇴원하겠다.

3월 4일

D-96

내일이면 17개월 되는 날이다. 최선을 다하자.

오늘은 층계 2번 왕복과 빌딩 2회 돌기를 마음속으로 다짐한다. 5층에서 1층까지 계단으로 내려감. 정문을 거쳐 후문으로 돌아서 5층까지 2회를 하고 보니 1시간 정도.

환측 오른손을 난간을 잡고 시도해보았다.

된다. 항상 조심해야겠다는 생각을 해본다.

글씨 쓰는 게 쉽지 않다.

D-95

아침 6시 기상. 샤워 후 ABC쥬스, 베이글 빵과 사과, 구운 계란, 약콩 두유를 먹었다.

발뒤꿈치가 조금 당기긴 하지만 참을 만하다. 최선을 다해보자 다짐하고 아침을 연다.

5층에서 1층. 정문과 후문을 돌아 5층 도착하는 운동을 2회 하고 끝을 냈다. 오늘 환측을 위주로 운동을 했다. 새벽녘에 잠이 안 와서 수면제 복용 후 아침에 힘이 없다. 날씨도 차가웠다.

병원 창가를 보니 안개가 자욱하다.

오전 운동 끝내고 안과에 가야 한다. 손녀가 보고 싶어 딸내

미 집에 갔다.

외손녀를 보고 손녀보다 먼저 걸어야겠다는 생각에 더욱 운동을 열심히 하리라 다짐했다.

3월 7일

오늘은 늦장을 부려본다. 8시 기상, 아침 운동은 물자전거 30분 타고 외발 들기. 점심 식사 후 낮잠은 1시간 자고 운동. 5층에서 계단으로 1층과 빌딩 돌기를 2회 하고 나니 50분 운동.

오늘은 유난히 힘이 든다.

전자렌지 돌리는 5분 30초 동안도 걷는 운동.

건널목을 건너가기 위해서 시간을 재어본다. 50초. 더욱 노력해야겠다.

내일은 최선을 다해보기로 다짐.

3월 8일

오늘은 안개가 많이 끼었다.

컨디션도 좋은 편이다. 호밀 빵과 사과, 구운 계란, 약콩 두유로 아침 식사. 요즘은 변비도 없어졌다. ABC쥬스 덕일까. 물은 하루 2리터 이상 먹으려 노력한다.

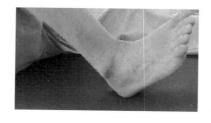

오늘 하루도 변함없이 오전, 오후 시간표에 맞춰 운동과 치료. 최선을 다할 마음을 다져본다.

평택비전병원이 나에게는 제2의 인생을 만들 병원이다. 고맙다.

오늘도 똑같은 운동과 치료의 반복. 저녁 식사 후 6시부터 층계 오르고 내리고 2회 반복해서 운동을 하는 동안 왠지 오늘은 힘이 들었다. 반복되는 일과가 환자에게는 피로감이 오는 것 같다. 코로나로 외출이 불가한 것이 더욱 힘들게 한다.

3월 9일

날씨가 흐리다. 잠을 잘 잤다. 어제 운동이 힘들었는지 컨디션이 좀 힘들다. 그래도 해야 한다. 나 자신과의 약속이다.

오늘 오후 운동을 끝내고 집에 가서 자고 내일 아주대병원에 8시 40분까지 가야 한다. 안과에서 이상 소견이 없어야 할 텐데. 걱정이 앞선다.

아침 일찍 아주대병원에 안과 진찰을 받기 위해 떠나면서 은근 스트레스를 받는다.

차에서 내려 QR코드로 입구에서 출입증을 인증하고 3층 안과까지 엘리베이터를 타고 접수도 혼자. 무슨 검사가 이리 많은지 모르겠다. 시간도 꽤 걸려서 기다리면서 복도를 걷는 운동. 진료 예후가 좋아 3개월 후에 오란다.

평택에 와서 용이동 행정복지센터에서 인감과 등본 한 통씩.

계단을 오르고 내려서 엘리베이터. 그전보다 덜 힘들다. 운동 덕분인 듯하다.

새벽 3시 30분에 일어나 잠을 못 자고 핸드폰을 하다 아령 양손 120EA씩 하고 팔꿈치 운동 100회를 했다.

오전 운동 후 회사 문제로 외출 후 일을 끝내고 7시쯤 귀원. 걷기 운동은 했지만 층계 운동은 하지 못했다.

게으름은 나에겐 퇴원을 늦추는 것밖에는 없다. 내일은 최선을 다해 오늘 못 한 운동을 보충해야겠다.

3월 12일

날씨가 흐리다.

늦게 잠이 들어 아침 6시 10분에 기상했다.

어제 사온 햄버거와 사과, 구운 계란, 두유를 먹었다.

저녁 운동은 계단 5~1층 2회와 복도 걷기로 마무리. 비가 오기 때문이다.

빨래도 손빨래가 가능하다. 아령은 120개씩 오른팔, 왼팔 3회 하고 있다.

3월 13일

오늘은 운동과 전기 두 가지로 치료를 끝내고 계단 운동과 정리를 해야겠다. 빨래를 하고 안과에 가기 위해 준비. 오후 운동은 쉬었다.

3월 14일

자전거 운동과 전기치료 후 구두(랜드로버)를 구입하기 위해 매장, 이마트는 휴일이었다. 구두 매장에서 주차장까지 걸어서 간다.

자료를 USB에 담아 갖고 왔다. 준비를 철저히 해야겠다.

벌써 11일차다. 힘들다. 최선을 다하는 수밖에는 없다.

오늘 하루도 똑같은 치료를 받았다.

9시 5분부터 오후 5시 30분까지 같은 일상이 지속된다.

저녁 식사 후, 층계 운동과 병원 외곽을 도는 운동.

1시간이지만 나와의 약속이기에 최선을 다한다. 힘들다.

땀을 샤워로 씻으며 희열도 느낀다. 오늘은 잠이 잘 오길 기대해본다.

오늘 황사가 심하다고 한다. 오늘도 화이팅해보기로 한다.

오늘 역시 운동치료는 전과 동일했고, 점심 식사 후 1시간 가량 낮잠을 잤다.

저녁 식사후 5층~1층과 병원 외부 돌기를 2회 하고 나니 힘이 든다. 샤워와 속옷 빨래를 하고 아령을 하고 누웠다. 수면유도제와 에드빌 PM 1알을 먹고 꿀잠.

3월 17일

5시에 눈을 떴다. 오늘도 최선을 다하자는 마음을 먹고 아침을 준비한다. 호밀 식빵과 땅콩버터, 루어팍버터와 사과, 구운 계란, 두유로 아침 식사를 마쳤다.

내일은 아주대 외진. 저녁시간에 집에서 자고 아침 일찍 병원에 가야 한다.

3월 18일

아주대병원 정기검사 및 약을 타러 갔다. 채혈, 흉부 엑스레이, 초음파, 심전도 검사다. 약이 1알 늘었다. 확인해봐야겠다.

운동하고 샤워와 빨래 후에 쉬고 있다.

3월 19일

오늘 일과도 동일하다.

꼭 새벽 2시 30분, 4시 30분 두 번 이상 깨었다. 아침이 개운하지 않다. 점심은 문춘식, 이종석과 함께 먹었다. 운동 끝나고 이발하고 운동 후에 빨래와 샤워하고 쉬었다.

오늘도 바쁜 하루였다.

3월 20일

하루종일 비가 왔다.

오전 운동 후 안과세척과 박장군과 PX 문제로 점심 식사 후 지아를 보고 귀원했다.

오늘은 층계 운동은 못했다.

3월 21일

아침 운동 후 점심 식사 약속이 있다.

8시 40분 기상. 염색도 하고. 원형탈모가 500원짜리 정도 크기가 뒤에 생겼다.

오늘은 컨디션 저하로 쉬기로 했다.

3월 22일

꽃샘추위가 온 듯하다. 오늘도 똑같은 일상이 시작된다.

손톱, 발톱을 정리하고 운동 준비를 하고 있다.

파이팅하자. 몸이 찌뿌둥하다. 운동치료를 끝내고 저녁 식사 후 개인운동. 5층에서 1층 왕복 2회를 하고 있다.

세탁소에 옷도 맡기고 좋아지긴 했어도 더욱 노력해야겠다.

날씨가 쌀쌀해서 외부 운동은 못하고 실내에서 걷는 운동만
했다.

손에 힘도 들어가고 있다. 아령 2KG을 하루 360회. 왼손과
오른손을 교대로 하고 있다.

D-78일. 최선을 다해보는 수밖에는 없다.

3월 23일 ───────────────────

오늘도 하루 일정은 똑같다.

날씨가 따뜻하다. 환측(오른쪽)에 힘이 많이 생겼다. 운동이
끝난 후 계단 운동을 하고 병원 외곽을 돌았다. 점점 오른쪽 다
리에 힘이 들어가는 것이 느껴진다.

5층~1층 왕복 2회 후 빨래와 샤워 후 쉬면서 아령을 150개씩
했다.

D-77일. 열심히 하자. 화이팅!

3월 24일 ───────────────────

날씨가 좋다.

눈가에 피부 트러블로 눈이 아프다. 그래도 운동치료는 해야

한다.

모든 운동을 끝내고 저녁 식사 후 계단을 오르고 내리며 퇴원을 위해 최선을 다해야 한다고 마음을 다진다.

바깥 날씨는 바람이 심하게 분다.

운동 후 속옷 빨래, 샤워 후 오늘 일과가 끝이다. 아령2KG을 양손 120개씩만 하면 된다. 팔근육을 위하여 360EA씩 양손의 힘을 키운다. 오늘도 스스로 잘했다고 칭찬해주었다.

3월 25일 ────────────────────────

눈이 문제일까? 피부가 문제일까?

가족에게 알리는 것까지도 미안하다. 참아보자.

오늘도 안 되면 아주대 안과 신청을 해야 되겠다.

치료실 운동치료 후 저녁 식사 후 개인운동.

난간을 잡지 않고 5층까지 올라왔다.

힘이 많이 들었다.

운동이 끝난 후 샤워하고 누워서 아령을 120개씩 하고 쉬고 있다. 힘들고 답답하다. 힘을 내야겠다.

3월 26일

매일 같은 시간에 기상. 샤워 후 아침 식사 준비. 식빵과 두유, 사과, 구운 계란으로 하루를 시작한다. 식후 커피 한 잔이 유일한 낙이다.

운동 끝나고 저녁 식사 후 계단 운동. 점점 좋아진다는 느낌이 온다.

오늘 바깥 온도가 높다. 두 번 왕복이 힘이 든다. 시간은 줄었다. 열심히 하는 수밖에는 없다.

3월 27일

오전 9시 45분이면 운동치료가 끝난다. 안과 외진하고 좀 쉬어야겠다.

힘들다. 오늘과 내일은 쉬어야겠다.

3월 28일

쉬었다.

잠도 많이 자면서 영양 보충.

3월 29일

다시 일상으로 돌아왔다.

안개가 낀 날씨. 오늘부터 다시 최선을 다하기로 다짐한다. 하루의 일과는 똑같다.

오전 오후 운동을 끝내고 저녁 식사 후 계단 운동과 병원 외곽을 도는 운동을 2회 했다.

오늘은 이틀을 쉬고 하는 운동이어서인지 힘들다. 더 노력해야겠다고 다짐한다. 하루도 운동을 거르면 안 되겠다는 생각을 해본다.

3월 30일

날씨가 화창하다. 점심 약속이 있다.

김기성 사회복지재단 이사장. 전 의장과의 생각이 깊어진다. 5월 말이면 마무리하고 퇴원 준비를 해야 한다. 다음 주부터는 도수치료도 2회씩. 시간이 없다.

오늘도 계단 훈련은 열심히 했다. 아령도 왼발에 힘을 주는 것을 중점으로 해야겠다.

3월 31일 ————————————————

날씨가 좋다.

황사도 줄었고 비전병원에 온 지 벌써 18개월째다.

이 병이 이렇게 힘든 병인 줄은 몰랐다.

힘들고 지루하다. 아자아자. 3월의 마지막 날. 개인으로 계단 운동 한 달 결과가 좋은 듯하다. D-60일. 최선을 다하자.

어제는 아령을 240개밖에 못했다. 게으름은 퇴원 날짜를 늦출 뿐이다.

4월 1일 ————————————————

앞산이 보인다. 만우절이다.

비전병원이 평택에 없었다면 재활을 어찌 받았을까?

고마운 병원. 조은수 병원장, 박태하 원장, 민경두 간호과장님. 감사하다.

오늘은 오전 운동 끝난 후 볼일이 있어 외출을 한다.

오후 개인운동은 못 했다.

4월 2일

오늘은 날씨가 흐리다. 마음도 우울하다.

9시 5분 작업치료로 시작되는 운동치료. 오늘이 지나면 일주일도 마무리군.

불금이다. 오늘은 저녁 식사 약속으로 운동은 쉬었다.

4월 3일

흐리다. 비가 올 듯하다. 안과에서 눈 세척을 해야 한다.

오전 운동을 끝내고 안과 가서 치료 후 집에서 쉬었다.

9시경 귀원.

4월 4일

일요일 아침은 항상 늦잠을 잔다.

8시경 일어나서 씻고 아침 운동 후 나무와실 조요상 대표와 부인이 병문안 겸 도마를 갖다 주러 와서 점심까지 사주고 갔다. 고맙다. 오늘은 개인운동을 쉬는 날이다.

월요일부터는 신경도수치료가 있다. 최선을 다하자.

4월 5일 ───────────────────────

날씨가 좋다. 월요일 아침.

이번 주부터는 신경도수와 도수치료를 받는다. 힘들겠지만 노력해서 6월 10일에는 퇴원을 해야 한다. 저녁 약속을 마치고 병원으로. 힘들다. 하지만 해야 한다.

4월 6일 ───────────────────────

오늘부터 도수치료도 하고 마무리할 수 있게 최선을 다해 치료를 받아야겠다.

오전, 오후 치료를 끝내고 저녁 식사 후 계단 운동과 병원 외

곽을 2회 돌고 마무리 세탁과 샤워 후 아령 120회씩 하고 마무리했다. 피곤하다.

4월 7일

오늘은 황사가 심하다. 신경도수와 평상시 치료로 하루를 끝내고 저녁 식사 후 계단 운동과 외곽 걷기운동 시간이 처음보다 10분 정도 줄었다.

2번 반복을 3회로 늘려서 운동을 해야겠다.

세탁 후 샤워와 휴식. 오늘은 선거전이 답답하다.

일찍 TV를 끄고 잠이나 자야겠다.

4월 8일

역시 예상대로 서울, 부산 완패다.

함석헌 님의 말씀이 생각난다.

정치란 덜 나쁜 놈을 뽑는 과정이다. 그놈이 그놈이라고 투표를 포기한다면 제일 나쁜 놈이 다 해먹는다.

우울한 하루가 될 듯하다.

예향원까지 걷고 건널목도 건너봤다. 2차선이라 시도해보는 것도 좋아 해본 것이다. 가까운 곳은 얼마든지 걸을 수 있어 기쁘다. 올라올 때는 층계로, 도수치료도 층계를 이용한다.

4월 9일

어제보다 날씨가 맑다. 금요일, 석우가 제천으로 영업을 간다 한다. 잘하고 와주기 바란다.

오전, 오후 운동 끝내고 아들 전화. 안 되겠다 한다. 아들에게 미안하다.

40을 앞두는 아들의 말도 맞다. 피곤이 몰려와 운동도 접고 쉬기로 했다.

4월 10일

날씨가 좋다. 감사보고서로 외박을 나가야겠다. 석우와 이야기를 해봐야겠다.

바쁜 하루였다.

4월 11일

감사보고서를 보고 결재해 주는 하루. 2시 이후부터 5시까지 꿀잠. 저녁 식사 후 귀원했다.

4월 12일

비가 온다는 일기예보.

월요일은 힘들다. 이제 남은 시간은 60일. 최선을 다해서 걸어서 나가야 할 텐데.

오전, 오후 운동을 끝내고 계단 운동을 3회 하고 돌아와 샤워 후 쉬는데 힘들다.

4월 13일

날씨가 흐리다. 6시 10분 기상. 샤워 면도 후 아침 준비. 샌드위치, 사과, 구운 계란, 두유로 식사 후 운동 준비.

운동치료와 도수치료 통증치료를 끝내고 저녁 식사 후 외곽 농협 건물을 한 바퀴 돌고. 층계운동이 끝나고 나니 힘이 든다.

날씨가 춥다. 손이 시릴 정도로 꽃샘추위인 듯하다. 아직 봄이 찾아오지 않은 것 같다.

4월 14일

신경도수 힘들다. 날씨는 맑은데 추위가 왔다 해서 오늘 내일은 층계운동만을 해야 겠다.

저녁 식사 후 층계와 병원 외곽을 2회 돌았다.

날씨가 쌀쌀하다.

운동 후 샤워 후에 아령을 하고 취침.

시간은 가는데 나아지는 건 조금씩 좋아지고 있다. 우리 같은 병은 인내와 자기와의 싸움인 듯하다. 최선을 다하도록 다짐해 본다.

4월 15일

오늘이 비전병원에 입원한 지 18개월 되는 날이다. 앞으로 2개월. 최선을 다하기로 다짐해본다.

항상 같은 운동과 시간을 정해진 대로 흘러간다. 저녁 식사 후 계단 운동을 1회 늘려 16층 높이를 걷고 있다.

4월 16일

잊지 못할 세월호 7주년.

해마다 이때쯤이면 지역에 있는 서호 추모공원을 찾았지만 2년 동안 가질 못했다. 퇴원하면 우선 가보고 싶다.

이제 남은 60일 동안 최선을 다하기로 다짐해본다.

오후 운동은 하지 못하고 일정이 있어 저녁 식사 후 병원에 들어왔다.

4월 17일

날씨가 좋다. 토요일은 오전 운동 후 안과를 다녀와야겠다. 잠이 충분치 못하다. 6월 25일 잠정적으로 퇴원 예정이다.

오후에 병원에 들어와 계단 운동 3회와 농협으로 정문까지 외곽을 돌고 빨래와 샤워 후 아령 왼팔, 오른팔 120EA씩을 하고 마무리했다.

4월 18일

일요일, 날씨가 좋다. 오전 10시부터 병원 증계와 외곽을 돌고 아령을 각 120회씩 하고 아점을 했다.

오후에는 쉬다 3시부터 운동을 1시간 정도 하고 쉬었다.

저녁은 햄버거와 만두를 먹고 옥상과 5층 복도를 10회 빠른 걸음으로 걷고 샤워 후 쉬었다.

이후 아령 120개씩을 하고 취침에 들어갔다.

4월 19일 ───────────────────

날씨가 좋다. 아침, 저녁은 쌀쌀하다고 한다. 오전 9시 40분 도수치료가 정규시간에 정해졌다. 월, 화, 목 도수. 월, 수, 금 신경도수.

힘들지만 최선을 다해보자.

4월 20일 ───────────────────

60일이 남았다. 날씨도 좋고 덥기까지 하다는 일기예보.

어제 못한 층계운동. 빠지지 말고 해보자.

문철준 후배가 회사 출근 문제로 완전 재활운동이 덜 되었지만 퇴원을 결정했다.

퇴원 후에도 열심히 운동하고 완쾌되길 원한다.

저녁 식사를 함께 했다.

빨래 후에 샤워와 함께 취침을 했다.

4월 21일 ───────────────────

50일 정도 글을 쓰고 있는데 조금씩 나아지고 있다. 날씨가 덥다 한다. 26도. 운동도 열심히 해야겠다.

오전시간이 끝난 후 이종석 씨를 만나 커피를 한 잔 했다.

오후 운동 후 4층 휴게소에서 OUTBACK으로 식사를 대접받았다.

두피 피부 처방을 받아 약국에서 구입하고 3층까지 걸어서 올라왔다. 숨이 차다.

4월 22일

안수미 교수의 생일. 참 좋은 사람이다.

선물도 보내주고 감사하다.

식사 대접은 내년으로 미뤄야겠다.

오늘도 날씨가 28도까지 덥다 한다. 운동을 할 수 없다.

OT 측정은 오른손이 많이 좋아졌다 한다. 열심히 하자.

하루 운동을 끝내고 저녁 식사 후 계단 운동과 병원 외곽을 2회 돌았다. 덥다. 다른 날보다 꽤나 힘들었다.

4월 23일

날씨가 흐리다.

석우가 입원해서 핀을 뽑는다 한다.

출근 이후에 했으면 좋으련만 재활에 임해야 한다. 60일 정도 남은 재활에 제2의 인생을 걸어야겠다. 운동 끝나고 머리 깎고 샤워 후 휴식을 취했다. 시간은 짧고 몸은 나아지는 게 늦다. 힘들고 지겹고 스트레스가 심하다.

4월 24일

청주에 모인다 한다. 나는 가고 싶지 않다. 이런 모습을 보여주기 싫다.

문철준도 퇴원 준비를 하고 있다. 짐을 조금씩 옮기는 듯. 오늘 하루는 집에서 쉬어야겠다.

4월 25일

일요일. 쉬었다.

다른 생각 없이 쉬고 책 보고 집에서 하루를 때웠다.

4월 26일

월요일. 날씨가 좋다.

어제 쉬었는데 몸이 찌뿌둥하다.

다시 최선을 다하기로 마음먹고 시작한다.

506호에 새 식구가 들어왔다.

오늘도 변함없이 오전, 오후 치료 후 계단과 병원 외곽을 2회 돌고 왔다. 이틀을 쉬어서인지 힘이 들었다. 역시 쉬지 않고 열심히 해야겠다.

4월 27일

황사가 심한 듯하다. 컨디션은 별로다.

오전, 오후 운동 후 도수치료 후 저녁 식사 후 개인 운동, 층계 2회. 힘들다.

시간이 가면서 더 힘든 것 같다. 그래도 열심히 해야 될 듯하다. 아자아자. 나는 할 수 있다.

4월 28일

황사가 심하다. 아침 식사 후 잠시 지난 10개월에 대하여 생각해본다.

운동이 끝난 후 저녁 식사 후 계단 운동이 왠지 힘들다. 1회만 하고 샤워 후 휴식. 잠을 못 잔 게 문제인 듯하다.

날씨가 흐리다. 몸도 컨디션이 좋지 않다. 최선을 다해보자.

내일은 문철준 후배가 퇴원하는 날이다.

우재하 선배와 함께 예향정에서 저녁 식사를 했다.

흐리다. 컨디션 제로. 힘이 너무 든다.

문철준이 퇴원한다. 아직은 모자라지만 회사 문제로 퇴원할 수밖에 없다. 건강하길 빈다.

오늘은 층계 1회 하고 한미경 씨가 햄버거를 줘서 저녁으로 먹고 빨래 후 샤워하고 누웠다. 힘들다.

MAY DAY.

노동자의 날. 혼자 하는 운동을 오전에 해야 한다.

오전 운동 후 지아가 보고 싶어 외출을 했다.

5월 2일

일요일은 쉬고 싶다. 9시에 일어나 빨래와 샤워 후 운동하고 쉬고 있다.

쌀쌀하다. 날씨가 바람도 많이 불고. 농협으로 돌아서 병원을 돌아오는데 35분. 층계까지 오르니 50분 바깥 운동을 했다.

5월 3일

5월의 첫 번째 월요일.

열심히 해서 다음 달인 6월에는 퇴원하련다.

나의 마지막 인생과의 싸움이 될 듯하다. 오늘은 약속이 있어 외출했고 많은 일을 했다. 오후 운동을 못 했다.

5월 4일

날씨가 흐리다. 비가 온다고 한다. 병실에서 11개월 함께 했던 우제하 님이 퇴원하신다. 나가시더라도 건강 잘 챙기시길 바라며 서운함을 달래본다.

오늘도 운동치료 끝나고 계단 운동과 복도를 걸었다. 비가 오는 관계로 바깥은 못 나가고 내부에서 세탁하고 샤워 후 휴식.

5월 5일 ────────────────────────────

어린이날. 쉬고 싶다.

지아 보고 아파트 외곽을 50분 정도 걷고 들어왔다.

5월 6일 ────────────────────────────

날씨가 좋다. 오전은 좀 차갑지만 오후에는 덥다 한다. 최선
을 다하는 모습을 보여주자.

오전에 넘어지면서 엉치 쪽 타박이 있었나 보다.

하루 운동 끝나고 나니 통증이 있어 맨소래담을 바르고 오늘
계단 운동을 쉬었다. 내일은 괜찮아야 되는데.

5월 7일 ────────────────────────────

엉덩이 통증이 많이 없어졌다. 다행이다.

황사비도 온다 한다.

오전 운동 후 이종석, 문춘식이 와서 밥을 사고 갔다. 고마운
친구들이다. 오늘도 운동을 쉬었다.

5월 8일

어버이날. 오늘 지아(외손녀) 돌 사진 중 식구들 함께 사진 촬영이 있다.

사진 찍고 어버이날이라고 아이들과 지아와 함께 식사하고 귀원했다.

5월 9일

일요일 아침. 상쾌한 날씨인데 쉬고 싶다.

오늘은 무조건 쉬련다.

5월 10일

월요일 아침. 날씨가 흐리고 비가 온다.

이틀 동안 개인 운동을 하지 않았다.

병실 내 환자 두 명이 바뀌고 보니 분위기가 다운된다.

다시 힘을 내보기로 각오를 해본다.

5월 5일이 발병된 지 19개월. 지루하다. 비전병원에는 2019년 10월 15일에 입원했으니 며칠 후면 19개월이 된다. 하루 운동을 끝낸 후 층계 2회 왕복과 병원 외곽을 돌았다.

날씨는 화창한데 쌀쌀하다.

오늘도 지난 19개월간 매일 했던 운동을 했다. 지겹기도 하다. 같은 시간에 똑같은 운동이다. 최선을 다해보자.

이제 50일간 운동이 내 인생을 바꿀 수도 있다.

저녁 식사 후 계단 훈련 및 병원 외곽을 2회 돌고 빨래하고 샤워 후 쉬었다. 잠을 못 자는 것이 힘들다.

미세먼지가 없어 보인다. 오늘도 신경치료 해야 한다. 신발도 운동화보단 랜드로버로 신고 운동을 하고 있다.

6시 기상. 세면하고 아침 샌드위치, 두유, 사과, 야채즙으로 식사하고 500ML 물병으로 어깨운동을 한다.

계단, 외곽 2회. 지하에서 5층까지 계단 운동.

화창한 날씨다. 글씨도 힘이 들어간다.

어제는 2회 계단 및 외곽 운동 후 엘리베이터 타고 지하까지.

지하에서 5층까지 계단 운동을 했다.

오늘 하루 운동을 끝내고 김향순 회장, 정문호 국장, 최영미 이사와 함께 저녁 식사와 차를 마시며 담소.

"김향순 회장님께서 이맘때쯤(작년) 꽃을 꺾어오셔서 힘을 주시고 내년 봄에 꽃길을 걷자고 하신 날이 어제가 되었답니다. 항상 감사드리고 잊지 않겠습니다."

5월 14일

올 들어 최고의 더위라 한다. 벌써 금요일. 시간은 잘도 간다. 더욱 열심히 해야겠다.

점심 시간에 이종석, 문춘식과 화홍각에서 식사 후 커피 한 잔씩 하고 헤어졌다. 고마운 친구들이다.

체육회장과 전화 통화가 길어져 저녁 운동을 못 했다.

5월 15일

비가 온다. 토요일에 피곤했는지 입이 부르텄다. 잠도 잘 못 자고 피곤하다. 잠이 모자란다.

오전 운동이 끝나고 외출 허가를 받고 손녀(지아)를 보러갔다. 6시쯤 들어와 개인 운동을 하고 샤워 후 휴식.

5월 16일

잠을 못 자고 힘들다. 입도 부르트고 입맛도 없다.

날씨도 흐리고 내일 점심 식사는 정시장과 예향정에서 하기로 선약이 되어 있다.

비가 하루 종일 오고 있다.

5월 17일

날씨가 흐리다. 오전 작업치료가 없다. 정시장과 점심 식사. 결정할 일이 많다.

잠도 설치고 입도 부르트고 컨디션이 좋지 않다. 파이팅하기로 하자. 오후 운동을 마치고 미팅(한미경)이 있어 잠시 보고 왔다. 힘이 든다.

5월 18일

5 · 18 광주항쟁일이다. 흐리다.

오늘 운동을 하고 할 일이 많다. 5 · 18때 고생했던 지인들과 점심 식사를 부대찌개로 했다. 그분들께 부대찌개 포장을 선물로 드리고, 서로 굳은 악수를 하고 헤어졌다.

5월 19일

부처님 오신 날이다. 쉬고 싶다.

정각호 회장과 윤 비서실장과 함께 점심 식사(홍만옥)를 했다. 귀원 후 쉬었다.

5월 20일

흐리다. 비가 온다 한다. 컨디션은 별로다. 하지만 최선을 다할 뿐이다.

20개월이란 시간이 길다. 앞으로 4개월 후면 퇴원 예정이다. 한번 해보자. 운동도 잘되긴 해도 몸과 마음이 지쳐 있다.

치료가 끝난 후 비가 와서 계단 운동만 하고 샤워 후 쉬었다. 피곤하다.

5월 21일

비가 온다. 벌써 일주일이 지나고 있다.

걸음걸이는 좋아지고 있지만 모자라는 부분이 많다.

하루 운동치료를 끝내고 계단 운동을 하고 세탁과 샤워 후 쉬었다.

5월 22일

토요일 날씨가 좋다. 운동치료 후 몸이 피곤해서 쉬려 한다. 이제는 글씨도 전보다 좋아지고 있다.

토요일 치료가 끝나고 잠이 온다. 오늘은 종일 잠을 잤다.

5월 23일

날씨가 좋다. 정 회장과 점심 식사 약속. 꽃다온 2층까지 걸어갔다. 식사 후 병원 외곽 돌기 운동.

5월 24일

잠이 오지 않아 밤새 힘들었다. 컨디션이 좋지 않다. 그래도 오늘도 최선을 다해보자.

지루한 20개월째 병원 생활에 스트레스도 많다. 할 일은 많고 몸은 그렇지 못하다.

5월 25일

오전 운동 후 체육회장님과의 약속이 있다.

일찍 도착해서 도수운동치료 때 잠이 쏟아져 도저히 운동을 할 수 없어 잠을 2시간이나 잤다.

많이 힘든가보다. 계단 운동도 못했다.

5월 26일

날씨가 쾌청하다. 컨디션은 좋지 않다. 운동치료도 힘들다. 해보자.

작업치료 후 오전 운동은 쉬었다. 오후 운동 후 계단 운동도 하지 않고 샤워 후에 쉬기로 했다.

게을러진 건지 요즘 컨디션이 안 좋다.

다시 힘을 내보기로 하자.

5월 27일

비가 오는 아침이다.

어제는 컨디션 저조로 운동을 못했다.

글을 쓴지 3개월째. 아직도 시원찮다. 정체기인지 몸 상태가 좋지 않다. 다시 한 번 다짐한다. 최선을 다하기로.

운동치료 끝내고 이발을 하고 샤워 후 쉬었다.

5월 28일

비가 많이 온다. 집사람이 독도 여행 걱정이다. 날씨가 고르지 못해 오늘도 컨디션이 별로다. 오늘도 운동 후 계단 운동을 못했다. 힘이 든다.

5월 29일

5월의 마지막 휴일이다. 날씨가 쾌청하다. 오전 운동 후 손녀를 보러 가야겠다.

컨디션은 중 정도다. 저녁은 라면이 먹고 싶어서 일찍 귀원해서 쉬었다.

5월 30일

5월의 마지막 일요일이다.

점심에 우재화 선배님(같은 병실에 있던 분)이 점심 식사를 예향정에서 사주시고 히루에서 커피까지 사줬다. 고마운 분이다. 개인택시를 계속 운행할 수 없어 매도해야 한다. 즐겁고 유익한 일요일이다.

5월 31일

5월도 오늘이 마지막 날이다.

지난주는 개인 운동을 게을리했다.

다시 정신 차리고 파이팅하기로 다짐한다.

하루 운동치료를 마치고 OT 김경하 선생님이 퇴사하는 날. 저녁 식사를 이연수, 윤소영 선생과 함께 이차돌에서 식사를 했다. 참 착한 김경하 선생. 잘 되길 기원한다.

6월 1일

6월의 첫날이다. 날씨도 좋다. 컨디션도 많이 회복되었다. 오늘도 최선을 다해보자. 이번 달 퇴원은 어려울 듯하다. 운동치료 후 저녁 식사는 예향정에서 했다.

오늘도 외부에서 걷는 것으로 마무리했다.

6월 2일 ——————————————

날씨가 맑다. 컨디션은 좋은 편이다.

정체기를 벗어난 듯하다.

다시 최선을 다해보기로 하자.

하루 운동을 끝내고 저녁 식사 후 계단 운동과 병원 외곽을 2회 돌았다. 시간도 15분 정도 감소했다.

6월 3일 ——————————————

오늘 오후부터 비가 온다는 일기예보. 정체기는 벗어난 듯하지만 지금도 힘들다.

김향순 회장, 지역아동센터 김순구 님, 최영미 님과 함께 점심 식사를 했다. 오후 운동을 마치고 비가 와서 오늘은 저녁 운동은 쉬었다.

6월 4일

날씨가 맑다. 컨디션도 중상 정도이다.

내일이면 토요일. 시간은 빠르게 지나간다. 하루하루가 빠르게 지나간다. 최선을 다해서 치료에 임해야겠다.

6월 5일

토요일 오전 운동을 끝내고 택시 타고 집으로 갔다. 오늘과 내일은 무조건 쉬어야겠다.

6월 6일

현대F&B 송 부장과 식사 후 병원으로. 쉬어야겠다.

6월 7일

월요일이다. 오늘부터 또 강훈련. 최선을 다하자.

걷는 것이 많이 좋아졌다. 바쁜 일정을 끝내고 계단 운동과 세탁소에서 셔츠를 찾아왔다. 힘든 하루였다.

6월 8일

날씨가 맑다. 내일은 아주대 외진이다. 어제는 잠을 못 자고 컨디션이 중 정도 된다. 그래도 운동을 열심히 해야겠다.

운동을 끝내고 집으로 갔다.

6월 9일

오늘은 아주대 안과 진료를 받기 위해 아침 일찍 병원에 도착. 안과 진료는 시간이 많이 걸린다.

많이 좋아져 8개월 후 진료를 하라 한다.

6월 10일

날씨가 흐리다. 다시 운동치료.

어제는 2시에 잠이 들어 컨디션이 좋지 않다.

운동을 끝내고 허미랑 협치관과 안승주 센터장과 저녁 식사 후 카페에서 여러 가지 현안 문제를 이야기하고 귀원. 아프다.

6월 11일

비가 그쳤다. 금요일 힘든 일정이다.

하루하루가 컨디션 저하로. 그래도 최선을 다해보자. 오전 운동치료 후 점심 식사 후 오침. 피곤했나 보다.

저녁 운동 후 오산서 박 회장이 면회를 와서 자몽차 한 잔씩을 했다. 힘든 하루였다.

6월 12일

날씨는 흐리지만 일기예보에는 날씨가 덥다 한다. 오전 치료 후 외출을 해야 한다. 체육회장님과 상의할 일이 있다. 평택시의 행정 절차가 문제다.

6월 13일

김기성 부의장과 점심 식사 후 커피숍에서 대화.

오늘은 쉬었다.

6월 14일

날씨가 좋다. 다시 마음을 잡고 최선의 운동을 하자. 오전 운동이 빡세다. 월요일은 1. 작업, 2. 도수, 3. 기구, 4. 전기, 5. 신경도수.

오후 운동 끝내고 저녁 식사 후 계단 운동과 병원 외곽 2회 하고 끝냈다.

6월 15일

점심 선약이 있다. 김기성 부의장, 이종석, 문춘식과 식사 예정이다.

오늘도 최선을 다하자. 아자아자~ 운동을 끝내고 저녁 약속이 있어 나가봐야 한다. 길어도 3개월 후에는 복귀해야 한다.

6월 16일

날씨가 아침부터 덥다. 오늘 운동 후 외출. 내일 아주대 외진 준비를 해야 한다. 컨디션보다 아침에 기상하기가 어렵다.

왼쪽 허리도 아프고 하루 운동을 끝내고 내일 아주대 외진으로 집에서 자고 아침 일찍 가야 한다.

6월 17일

오늘은 아주대 흉부외과 검진이다.

집에서 아침 7시 출발하고 채혈 검사 후 검진. 홍 교수가 3개월치 약 처방. 6시간 금식 후 채혈한다.

오후에는 문춘식 의장, 이종석과 식사와 커피로 평택시 발전 계획에 대해서 논의. 김창성 비서관이 6월 23일 10시 30분 시장 접견실에서 1시간 이상 대화하기로 했다.

6월 18일

비가 온다.

금요일 오늘도 똑같은 운동치료로 하루를 시작한다.

최선을 다하자. 운동을 끝내고 층계 운동을 하고 하루를 마무리했다. 저녁 9시 40분, 신발 냄새가 난다며 난리를 친다.

6월 19일

오전 운동을 끝내고 손녀를 보러 갔다 왔다.

오늘 오후는 쉬고 싶다.

6월 20일

일요일 하루가 길다.

근처 운동을 하고 은행도 가보고. 쉽지 않다. 저녁에 최영미 이사가 와서 팥죽을 칠곡저수지 근처 손수 카페에서.

맛나게 먹었다.

6월 21일

월요일 아침. 커튼으로 막아버린다. 참자.

부인에게 '이년 저년' 이라는 말에 상대하고 싶지 않다. 잘해
줄 필요가 없다. 운동을 모두 끝내고 저녁 식사 후 계단 운동과
외곽 운동을 1시간가량 했다. 힘들다.

6월 22일

약간의 비가 내리고 날씨가 흐리다.

오늘 운동 마친 후 집에 가서 내일 미팅 준비를 해야 한다. 철
저히 해서 1시간을 최대한 활용해야겠다.

운동치료가 힘들어도 점점 좋아지고 있는 것을 느낀다.

6월 23일

비가 온다. 오늘은 오전 10시 30분 시청 시장 집무실에서 미
팅이 있다. 미팅 후 허미랑 협치관과 함께 만찬에서 점심 대접

을 받았다. 이종석, 문춘식과 대화 후 귀원했다. 힘들었지만 뜻
있는 만남이었다.

6월 24일

날씨가 좋다. 다시 심기일전, 운동을 하자.

오늘은 전기와 자전거 운동만 하고 오후 도수치료와 운동을
끝내고 쉬었다.

6월 25일

맑은 날씨다. 오늘도 전기, 기구 운동 후 3시 15분까지 쉬어
야 한다. 오후 운동을 끝내고 계단 운동은 쉬었다.

6월 26일

오전 운동을 하고 택시 타고 집으로 가서 서류 정리를 했다.
세탁하고 잠시 쉬고 필요한 서류 준비를 했다.

6월 27일

일요일. 집에서 5시 30분에 귀원했다.

서류 정리하고 쉬었다.

6워 28일

날씨가 흐리다. 월요일 운동치료가 빡세다. 힘든 하루가 될 것이다. 이제 남은 3개월의 기간. 최선을 다해야겠다.

오전, 오후 운동치료를 끝내고 저녁 식사 후 계단 운동과 외곽 운동을 했다.

외곽 운동 거리를 늘려봤다. 조금씩 좋아지고 있다. 사회적 협동조합 꿈모아, 지역아동센터 감사 명함이 도착했다.

6월 29일

날씨가 맑다. 오늘 컨디션은 보통 수준이다.

여러 가지 해결하고 준비할 일이 많다. 7월 1일~7월 5일까지 운동 후 계단 운동과 외곽 운동을 했다.

6월 30일

흐리다. 국지성 비가 내린다 한다.

5시 30분 가퇴원해서 7월 5일에 입원한다. 할 일이 많다.

준비할 일도 김수우 대표와도 만나고(7월 1일 점심) 이제 3개월의 시간이 남아 있다. 더욱 열심히 해야겠다. 퇴원 후에도 할 일을 챙겨야 하고, 변호사 선정 등.

7월 1~7일

6일간 임시 퇴원 후에 여러 가지 일과 쉼을 갖고 귀원했다.

밖에서의 활동이 조금은 불편하지만 예전보다는 많이 좋아졌다.이제 80일 정도의 시간이 남아 있다.

최선을 다하여 최고의 상태를 만들고 건강도 챙겨서 퇴원해야겠다. 오늘부터 파이팅해보기로 한다.

7월 8일

날씨가 맑음이다.

어제는 일주일 만에 운동치료를 했다.

마지막 작업치료가 빠져서 30분 정도 일찍 끝난다. 이종태가 501호 우리 호실에 입원했다.

시간이 걸리겠다. 명사가 생각이 안 나서 말하는데 어려움이 있다. 오늘도 파이팅.

7월 9일

비 온 후 개인 아침이다.

온몸이 쑤시고 기상할 때 힘들긴 하다. 하지만 일찍 일어나면도, 샤워하고 나면 그래도 상쾌하다.

이제 80일 정도의 시간. 알차게 운동하고 치료해서 9월 말에는 지금보다 좋은 결과로 퇴원하기로 하자.

7월 10일

어제는 허미랑, 안승주 두 분이 이종태와 나에게 저녁 식사를 사주고 갔다. 예향정까지 도보로 갔다.

운동 역시 최선을 다하지만 걸음걸이가 완전치 못하다. 다음 주 월요일부터 작업 신경도수를 주 2회 추가했다. 힘든 운동치료이지만 참고 견디어보자. 토요일부터 2주간 출입 금지가 시작되었다.

7월 11일

오전에 전기치료와 기구치료 후에 점심 식사 때 한미경, 손정은 님과 함께 바게트로 식사하고 휴식 후 저녁 식사는 칼국수.

2년 만에 횡단보도를 건너서 식사를 하고 귀원. 건널목을 22개월 만에 처음으로 건너봤다.

날씨가 흐리다. 컨디션이 별로다.

하지만 2개월 남은 기간 최선을 다 해보고 인생의 마지막을 차근차근 준비하는 기회로 삼아보기로 하자.

오늘부터 동작인지치료를 월, 금 30분씩 받는다. 효과가 있어야 할 텐데.

날씨가 맑고 덥다.

춥고 더울 때 우리 같은 병이 발병이 많다 한다. 오후 운동은 잠시 접어보려 한다.

대신 낮 운동을 열심히 해보기로 한다. 덥고 힘들지만 최선을 다하기로 다짐해본다. 서울에서 송태석 변호사와 면담 후 수수료로 입금했다. 기다려보자.

이종태와 체육회장과 점심 식사 후 귀원.

7월 14일

    오늘도 날씨가 더울 듯하다. 어제 오후 못한 운동을 오늘 열심히 해야겠다. 이제 퇴원이 70일 정도. 운동을 할 수밖에 없다. 열심히 하자. 이번 주 도수치료 시간표가 바뀌고 동작인지치료가 추가되었다. 날씨가 무척 더웠다. 일몰인데도 더위는 식지 않는다. 요즘 더운 날씨로 개인 운동은 쉬고 있다.

7월 15일

오늘도 덥다.

    2019년 10월 5일 발병되어서 비전병원에 온 지가 21개월 되는 날이다. 이제 70일 정도의 시간 내에 좋아질 수 있게 최선의 노력을 해야겠다.

    덥고 피곤하지만 최선이 나의 목표이기도 하다. 최선을 다한 하루였다.

7월 16일

더운 하루가 시작된다.

    오늘 아침 식사는 삼각 김밥, 구운 계란, 두유, 치즈, 야채주

스를 먹었다. 열심히 하는 하루가 되자. 불금이다.

내일 박옥화 여성위원장과 11시 30분 식사 약속이 있다. (취소되었다. 점심 식사)

아침부터 덥다. 찌는 더위가 시작되었다. 오늘은 제헌절에 토요일이다. 코로나로 외출이 금지되었다. 내일까지 지루한 날이 될 것이다. 오전 중에 운동치료가 끝난다.

7월 18일

일요일 8시쯤 기상해서, 샤워 후 아침 운동. 전기치료, 기구 등으로 운동 후 휴식.

점심은 한미경, 손정은과 함께 반미 바게트로 식사.

소희가 라면, 과자도 시켜줬다. 밤에 천둥과 번개가 치며 비가 많이 내렸다.

7월 19일

날씨가 좋다.

오전 치료 후 아주대병원에 가서 진단서와 입, 퇴원 증명서를 받으러 가야 한다. 택시로 왕복해야 한다.

7월 20일

맑고 더운 날씨다.

오전 운동치료 후 점심 때 유통사업단 대표가 병원에 들르기로 했다.(임소영 대표 고맙다) 식사 후 귀원해서 오후 운동을 마쳤다. 더위로 계단 운동은 중단 중이다.

31도. 올 최고의 더위라 한다. 우리 같은 환자는 더위에도 위험하다고 한다. 오전 오후 운동치료 후 계단 운동은 못 했다.

중복이다.

7월 22일

오늘은 더운 날씨가 아침부터 찜통이다.

이제 남은 60여 일의 병원 생활. 더욱 열심히 해야 될 듯하다. 최선을 다해보자.

퇴원하는 그날을 위해 오늘도 최선을 다했다.

7월 23일

오늘도 무더위가 대단할 듯하다.

매일 같은 일과 운동으로 일기 쓸 만한 거리가 없다. 걷는 모습이 좋아지는 것을 느낀다.

7월 24일

오늘도 찜통더위가 시작되고 있다. 오전 9시 30분이면 운동이 끝난다. 이틀 동안 불편한 날이 되겠다.

손목이 이상하게 아파서 파스를 붙였다. 코로나가 2,000명 가까이 나온다. 조심해야겠다.

7월 25일

왼쪽 손목이 많이 부었다. 날씨도 덥다. 하루가 길다.

7월 26일

찜통 더위를 이겨내고 운동을 열심히 해보기로 다짐한다.

7월 27일

덥다. 아침부터 일기는 쓰지만 내용이 별로 없다. 매일 같은 일정에 똑같은 운동. 힘들다. 왼손의 통증이 많이 없어졌다. 60일 정도 최선을 다해보자.

7월 28일

아침부터 더운 날씨가 시작되고 있다. 시간이 갈수록 일기 쓰는 양이 줄어든다. 똑같은 일정과 운동. 지겨울 때도 된 듯하다.

힘들지만 최선을 다해보자. 오늘도 좋은 결과가 있길 바란다. 파이팅 해보자!

7월 29일

7월도 3일 남았다. 날씨는 덥다.

코로나 확진자가 늘어나고 있다. 1,900명에 육박하고 있다. 조심해야겠다. 오늘도 최선을 다해보자. 운동도 열심히 해야 한다. 피검사와 소변검사를 했다.

7월 30일

오늘도 더운 날씨가 시작된다. 주님, 천상 양식으로 새로운 힘을 주시니 언제나 주님의 사랑으로 저희를 보호하시어, 우리 주 그리스도를 통하여 비나이다.

7월 31일

손에 글을 쓰는 데 힘이 들어간다. 날씨도 덥고 오늘 토요일과 일요일, 지루한 병원 생활이 힘들다.

자비로우신 주님, 저희가 드리는 이 예물을 거룩하게 하시고, 영적인 제물로 받아들이시어 저희의 온 삶이 주님께 바치는 영원한 제물이 되게 하소서. 우리 주 그리스도를 통하여 비나이다.

8월 1일

일요일 아침은 항상 늦잠을 청해본다. 하지만 기상만 늦을 뿐 자다 깨다 한다. 아침에 염색을 하고 아침은 도넛으로 하고. 점심은 이종석, 문춘식, 이종태와 식사를 했다. 커피 한 잔 하며 여러 가지 현안에 대한 이야기를 나누었다. 답답하다.

8월 2일

월요일 날씨가 흐리다. 오늘도 일상이 똑같다. 아침 컨디션은 중상 정도. 치과 치료도 해야겠고 고장이 자주 난다.

김창성 비서와 오전 중 통화해서 수요일 약속을 해야 한다.

8월 3일 ───────────────────────────

날씨가 맑다. 걸음걸이가 좋아지고 있다는 것을 느끼고 있다. 최선을 다해보자.

전능하시고 자비로우신 하느님, 복된 요한 마리아 사제에게 놀라운 열정으로 양떼를 보살피게 하셨으니 그의 모범과 전구로 저희도 그리스도의 사랑 안에서 많은 형제들을 얻어 그들과 함께 영원한 기쁨을 누리게 하소서.

8월 4일 ───────────────────────────

아침부터 찜통더위다. 컨디션은 중 정도이다.

오전 운동을 끝내고 오후에는 시청 직원과 아주대병원에 가야 한다.(박물관 문제) 아주대병원 선정.

주님, 주님의 종들에게 끊임없이 자비를 베푸시니 주님을 창조주요, 인도자로 모시는 이들과 함께 하시어 주님께서 창조하신 모든 것을 새롭게 하시고, 새롭게 하신 모든 것을 지켜주소서.

8월 5일 ───────────────────────────

오전 운동을 끝내고 오후 박물관 팀장과 함께 아주대병원 홍

유선 박사를 만나야 한다. 결과가 좋은 것 같아 기분이 좋다.

자비로우신 주님, 저희가 드리는 이 예물을 거룩하게 하시고 영적인 제물로 받아들이시어 저희의 온 삶이 주님께 바치는 영원한 제물이 되게 하소서.

8월 6일

아침부터 찜통더위가 시작된다. 금요일은 운동하기 좀 힘들긴 하다. 오늘도 최선을 다해보자.

8월 7일

토요일 아침. 벌써 덥다.

오전 9시 30분이면 운동도 끝나고 개인 운동을 해야 한다. 오늘도 파이팅!

8월 8일

일요일 전기치료 후 쉬었다. 힘든 하루다.

행복하여라. 주님이 돌아와 보실 때에 깨어 있는 종! 주님은 모든 재산을 그에게 맡기시리라.

8월 9일

월요일이다. 컨디션이 중 정도다. 일주일 동안도 최선을 다해보자.

전능하신 하느님, 복된 요한 마리아를 기리며 받아 모신 천상 음식으로 저희가 힘을 얻어, 믿음을 온전히 간직하며 구원의 길을 충실히 걷게 하소서.

8월 10일

말복인 화요일, 날씨가 화창하다.

요즘 몸 상태가 별로다. 그래도 최선을 다하기로 한다. 이제 60일도 안 남은 퇴원 날짜. 차근차근 노력해보자.

주님, 천상 양식으로 새로운 힘을 주시니 언제나 주님의 사랑으로 저희를 보호하시어 저희가 영원한 구원을 받게 하소서.

8월 11일

날씨가 맑다. 더위는 조금 누그러진 것 같다.

몸이 무겁다. 힘들지만 이 또한 내가 이겨나가야 할 일이다. 최선을 다해보자. (아스트라제네카 백신을 맞았다.)

주님, 저희가 천상 양식을 받아 모시고 비오니, 영광스러운 변모로 보여주신 아드님의 그 빛나는 모습을 닮게 하소서.

8월 12일

오늘은 백신 후유증으로 쉬었다.

8월 13일

맑은 날씨. 백신 후유증이 아직도 힘들다.

오전, 오후 운동치료는 받았지만 힘들었다. 하루가 길다.

8월 14일

토요일 오전 치료 후 지아를 보러 갔다.

처음에는 서먹서먹했는데 잠시 후 가까이 와서 애교도 부린다. 기분이 업되어서 너무 좋았다.

8월 15일

오늘은 오전 운동 후 무조건 쉬었다.

8월 16일

맑은 날씨다. 정상적으로 오전, 오후 운동 후 복도 운동 후 쉬었다. 정신적으로 힘들긴 하다.

8월 17일

선선한 바람이 분다. 아침저녁으로 더위는 없다. 열심히 해보자. 연세치과, 임플란트 3개를 해야 한다.

8월 18일

아침부터 비가 온다. 오늘부터 와파린을 끊어본다. 치과치료를 위해서. 오늘도 최선을 다하는 하루가 되어야겠다.

주님, 주님의 종들께서 끊임없이 자비를 베푸시니 주님을 창조주요 인도자로 모시는 이들과 함께하시어, 주님께서 창조하신 모든 것을 새롭게 하시고, 새롭게 하신 모든 것을 지켜주소서.

8월 19일

날씨가 맑다. 매일 똑같은 일정과 운동. 시간도 조급하고 신경을 썼는지 잇몸도 나빠지고 탈모 현상이 심하다. 답답함을 달래야 하는데 쉽지 않다. 그래도 최선을 다 해보자고 다짐한다.

주님, 천상 양식으로 새로운 힘을 주시니 언제나 주님의 사랑으로 저희를 보호하시어 저희가 영원한 구원을 받게 하소서.

8월 20일

맑은 날씨다. 벌써 금요일이다. 남은 시간은 얼마 남지 않았다. 조급하지만 최선을 다해 치료를 받아야 한다. 잇몸도 좋지 않고, 동전만 한 탈모도 있다.

주님, 저희가 받아 모신 이 성체로 저희를 구원하시고, 진리의 빛으로 저희를 굳세게 하소서. 우리 주 그리스도를 통하여 비나이다.

8월 21일

흐리고 비가 온다. 가을장마가 왔다.

오전 운동 후 치과에 가서 치료를 꼭 받아야 한다.

토요일과 일요일은 힘들다.

주님, 천상 양식으로 새로운 힘을 주시니 언제나 주님의 사랑으로 저희를 보호하시어, 저희가 영원한 구원을 받게 하소서.

8월 22일

전기치료 후 점심 약속이 있어 김기성 이사장과 식사 후 차 한 잔하고 귀원. 오후에는 쉬었다. 책도 읽고. 비가 온다.

8월 23일

아침부터 흐리고 비가 온다. 태풍도 온다 한다. 어제 저녁 동영상을 보니 외손녀가 운동화 신고 잘 걷고 있다. 14개월째인데. 나는 23개월 운동.

아직도 모자라는 것이 많다. 최선을 다하자.

주님, 저희가 받아 모신 이 성체로 저희를 구원하시고, 진리의 빛으로 저희를 굳세게 하소서. 우리 주 그리스도를 통하여 비나이다.

8월 24일

태풍 오마이스가 평택은 조용히 지나간 듯하다. 아침에 비가 오고 있다.

하루도 쉬지 않고 운동치료를 하고 있다. 요즘 상태가 좋아지고 있는 걸 느낀다.

40여 일 후면 24개월. 2년이란 세월을 병원에서 지내고 있다. 병원에서 3살을 먹었다. 많은 사연이 있었지만 잊어보려 한다.

주님, 저희가 받아 모신 이 성체로 저희를 구원하시고 진리의 빛으로 저희를 굳세게 하소서.

8월 25일

비 오는 아침이다. 오늘도 최선을 다하는 하루가 되어야겠다. 힘은 들지만 상태가 좋아지고 있으니 노력해서 40일 남은 일정을 소화해야 한다. 파이팅하자.

주님, 거룩한 양식을 가득히 받고 간절히 비오니 복된 라우렌시오 축일에 저희가 주님을 섬기며 드리는 이 제사로 구원의 풍성한 열매로 얻게 하소서.

8월 26일

날씨가 흐리다. 목요일, 컨디션이 좋지 않은 요일이다. 2년 동안의 통계로 볼 때 목요일이 제일 힘들다. 토요일 항생제 1시간 전에 꼭 먹고 치과를 가야 한다. 오늘 최선을 다하는 하루가 되어야 한다.

주님, 천상 양식으로 새로운 힘을 주시니 언제나 주님의 사랑으로 저희를 보호하시어, 저희가 영원한 구원을 받게 하소서.

8월 27일

비 오는 아침이다. 금요일. 이번 주는 정말 최선을 다해 운동 치료도 받고 개인 운동까지 했다. 내일은 항생제 꼭 먹고 치과 가야겠다. 11시 약속이 되어 있다.

주님, 저희가 천상 양식을 받아 모시고 비오니, 영광스러운 변모로 보여주신 아드님의 그 빛나는 모습을 닮게 하소서.성자 께서는 영원히.

8월 28일

토요일 오전 치료 후 치과 10시 예약되어 있다.

주님, 저희가 받아 모신 이 성체로 저희를 구원하시고, 진리 의 빛으로 저희를 굳세게 하소서.

8월 29일

일요일. 쉬었다.

8월 30일

흐린 아침이다. 또 시작이다. 운동치료를 시작으로 시작되는 월요일이다. 힘을 내자! 남은 시간이 얼마 남지 않았다.

주님, 천상 양식으로 새로운 힘을 주시니 언제나 주님의 사랑으로 저희를 보호하시어 저희가 영원한 구원을 받게 하소서.

8월 31일

화요일 아침. 비가 온다. 컨디션은 상승 중이고 걸음도 잘 걸어지고 있다. 최선을 다하는 하루가 되길 기원하며.

주님, 저희가 받아 모신 이 성체로 저희를 구원하시고, 진리의 빛으로 저희를 굳세게 하소서. 우리 주 그리스도를 통하여 비나이다.

9월 1일

9월의 첫날이다. 비가 온다. 걸음걸이는 나아지고 있지만 시간이 걸린다. 몸도 마음도 지치긴 하지만 그래도 컨디션 조절을 하면서 최선을 다하는 방법밖에는 없다.

오늘도 파이팅하기로 한다.

주님, 저희가 받아 모신 이 성체로 저희를 구원하시고 진리의 빛으로 저희를 굳세게 하소서.

9월 2일

날씨가 맑다. 매일 조금씩 좋아지고 있다. 컨디션은 잘 조절하고 있다. 오늘 하루도 열심히 운동치료를 받기로 한다.

주님, 거룩한 양식을 가득히 받고 간절히 비오니 복된 라우렌시오 축일에 저희가 주님을 섬기며 드리는 이 제사로 구원의 풍성한 열매를 얻게 하소서.

9월 3일

아침 날씨가 선선하다. 가을이 오는군요. 병원에서 3번째 맞는 가을이다. 이제 남은 30일 정도 법적인 치료가 남아 있다. 진정 이리도 힘든 병인 줄 시간이 갈수록 느껴진다. 외롭고 힘든 싸움이다. 노력하자. 기도합시다. 비나이다. 다스리시나이다.

9월 4일

9월의 첫 번째 토요일. 날씨가 너무 좋다. 이제 남은 30일이

법적 허용하는 치료이기도 하다. 아침이면 최선을 다하자는 생각을 한다.

노력하자. 노력의 끝은 분명 있으리라 믿는다. 코로나도 빨리 물러가야 되는데. 서연이 결혼.

주님, 저희가 천상 양식을 받아 모셨으니 복되신 동정 마리아를 본받아 깨끗한 삶으로 주님을 섬기며 동정 마리아와 함께, 진실한 찬미가로 주님을 찬양하게 하소서. 우리 주 그리스도를 통하여 비나이다.

9월 5일

일요일은 쉬었다.

9월 6일

월요일 아침. 날씨가 맑다. 8일 집에 가서 9일 아주대병원 외진이다. 오늘도 열심히 해보자. 조금씩 좋아지고 있다는 걸 느낀다.

주님, 주님의 식탁에서 성체를 받고 비오니, 이 생사의 힘으로 형제들을 사랑하며 주님을 섬기게 하소서.

9월 7일

오늘도 계속 비가 온다. 발목 통증이 있다. 걷는 연습을 너무 했나 보다. 화요일. 열심히 하자. 컨디션은 좋지 않지만.

주님, 살아있는 빵이신 그리스도의 성체로 저희의 힘을 복 돋아 주시니 복된 그레고리오를 기리는 저희가 스승이신 그리스도의 가르침을 따라 진리를 깨닫고, 사랑으로 실천하게 하소서.

9월 8일

수요일. 날씨가 흐리다. 내일은 아주대병원 외진이다. 오늘 하루도 힘겨운 운동치료가 기다린다. 이겨보자. 점점 좋아지고 있다. 걸음도 많이 좋아지고 있다. 오늘도 파이팅 해보자.

주님, 주님의 식탁에서 성체를 받아 모시고 비오니, 이 성사의 힘으로 형제들을 사랑하며 주님을 섬기게 하소서.

9월 9일

아주대병원 외진이다. 혈당에 신경 써야겠다. 걷는 것은 많이 좋아졌다.

9월 10일

정일석 대표 퇴원한다. 건강하길 바란다.

오늘도 운동치료에 집중과 음식 조절을 해야겠다. 일주일이면 추석 연휴. 최선을 다해보자.

주님, 믿는 이들을 생명의 말씀과 천상성사로 기르시고 새롭게 하시니, 사랑하시는 성자의 크신 은혜로 저희가 영원한 생명을 누리게 하소서. 성자께서는 영원히 살아 계시며 다스리시나이다.

9월 11일

날씨가 화창하다. 걷는 게 많이 좋아졌다.

오늘 오전 두 타임 하면 지루한 연휴 주말이다. 반갑지만은 않다. 지루한 이틀도 열심히 개인 운동을 해야겠다. 어제 박경민이 506호에 입원.

주님, 믿는 이들은 생명의 말씀과 천상 성사로 기르시고 새롭게 하시니 사랑하시는 성지의 크신 은혜로 저희가 영원한 생명을 누리게 하소서. 성자께서는 영원히~

9월 12일 ─────────────

오전 운동 후 문공 이공이 와서 점심 식사 후 커피 한 잔씩 하고 헤어졌다. 오후는 푹 쉬었다.

주님, 믿는 이들을 생명의 말씀과 천상 서사로 기르시고 새롭게 하시니 사랑하시는 성자의 크신 은혜로 저희가 영원한 생명을 누리게 하소서. 성자께서는 영원히~.

9월 13일 ─────────────

날씨 약간 흐리다. 오늘도 덥다 한다. 이번 주 추석맞이 마지막 일주일 운동치료 열심히 해보자.

나 자신과의 싸움. 최선을 다하자.

주님, 이 거룩한 신비로 교회의 힘을 길러주셨으니 저희가 온 세상의 희망이시며 구원의 서광이신 동정 마리아의 탄생 일을 맞이하여 더욱 기뻐하게 하소서.

9월 14일 ─────────────

제주에는 태풍 찬투가 많은 비를 내린다 한다. 여긴 아직 맑은 날씨이다.

오늘 오후 박물관 문제로 시에서 12시 50분에 병원으로 태우러 온다 한다. 오전 운동치료라도 최선을 다해보자.

주님, 믿는 이들을 생명의 말씀과 천상 성사로 기르시고 새롭게 하시니 사랑하시는 성자의 크신 은혜로 저희가 영원한 생명을 누리게 하소서. 성자께서는 영원히~.

9월 15일

날씨가 맑다. 어제는 나비 박재 박물관 문제로 시청 직원과 현장 답사를 하고 왔다.

2,000보 정도의 걸음. 밖에서 걷는 것도 많이 좋아진 듯하다. 얼마 남지 않은 시간 열심히 해보기로 한다.

주님, 천상 은총으로 저희 몸과 마음을 이끄시어 저희가 제 생각대로 살지 않고 그 은총의 힘으로 살게 하소서. 우리 주 그리스도를 통하여 비나이다.

9월 16일

목요일 날씨가 맑다. 제주는 지금 태풍 찬투로 비 피해가 심하다 한다. 이곳도 내일부터는 비가 온다 한다.

어제부터는 런닝머신을 20분에서 25분으로 늘렸다. 오늘도 최선을 다하는 하루가 되길 노력해보자.

자비로우신 하느님, 복된 요한 크리소스토모 주교를 기리며 성체를 받아 모셨으니 하느님 사랑 안에서 저희가 신앙을 용감히 고백하며 진리를 충실히 증언하게 하소서.

9월 17일 ───────────────

날씨가 흐리다. 태풍 찬투가 여기까지 영향을 주는 듯하다. 오늘 컨디션은 별로다. 하지만 최선을 다하기로 해본다. 내일 오전 운동 후에 집에 간다. 별 즐겁지 않다. (한미경 퇴원)

주님, 믿는 이들을 생명의 말씀과 천상 성사로 기르시고 새롭게 하시니 사랑하시는 성자의 크신 은혜로 저희가 영원한 생명을 누리게 하소서. 성자께서는 영원히.

9월 18일 ───────────────

토요일 날씨가 참 맑다. 오늘부터 추석 연휴이다. 다음 주 수요일까지 운동 외에는 무조건 쉬어 보자. 28~29일 강의 자료 만들면서 시간은 잘도 간다.

주님, 믿는 이들을 생명의 말씀과 천상 성사로 기르시고 새롭게 하시니 사랑하시는 성자의 크신 은혜로 저희가 영원한 생명을 누리게 하소서. 성자께서는 영원히.

9월 19일
집 앞에서 2.5km를 걸었다. 힘들다. 휴식.

9월 20일
월요일 아침. 109동을 세바퀴 돌다.

9월 21일
추석 명절 식구들과 식사 후 책으로 하루를.

9월 22일
귀원하는 날. 강의 준비가 안 되었다. 걱정이다.

9월 23일
귀원해서 맞이하는 날씨 좋은 아침이다.

정신적인 피로감이 엄습한다. 힘들지만 또 오늘부터 열심히 운동치료를 받아야 한다. 남은 70일이 목표다. 할 수 있다.

9월 24일

추석증후군일까. 오늘 아침 날씨는 맑은데 몸은 무겁다. 이제 월수금은 오전 휴식 없이 운동치료다. 버텨야 한다. 최선을 다 해보기로 한다. 컨디션이 별로다.

자비로우신 하나님, 복된 요한 크리소스토모 주교를 기리며 성체를 받아 모셨으니 하나님 사랑 안에서 저희가 신앙을 용감히 고백하며 진리를 충실히 증언하게 하소서.

9월 25일

오늘도 날씨가 맑다. 어제는 눈썹을 정리하고 왔다. 토요일은 운동치료가 적다. 이틀 동안 파워 포인트를 작성해서 28~29일 강의가 있다. 몇 년 만의 강의라 쉽지 않다. 해봐야지. 준비하는 것으로 시작해보자.

주님, 영원한 구원의 성사에 참여하고 간절히 청하오니 저희가 그리스도와 함께 수난하신 동정 마리아를 기념하며, 교회를

위하여 그리스도의 남은 고난을 채우게 하소서. 성자께서는 영
원히.

9월 26일

일요일 날씨가 맑다. 낮에 밖에서 운동을 하고 쉬었다. 강의
내용도 점검하고.

주님, 천상 양식을 받아 모시고 간절히 청하오니 저희가 복된
순교자 고르넬리오와 치프리아노를 본받아 성령의 힘으로 굳
세어져 복음의 진리를 증언하게 하소서.

9월 27일

날씨가 맑고 시원함을 느낀다. 오늘부터 담당 선생님이 3일
간 연차. 동작 도수도 연차. 화, 수는 강의가 있다. 오랜만에 하
는 강의이기에~

주님, 천상 은총으로 저희 몸과 마음을 이끄시어 저희가 제
생각대로 살지 않고 그 은총의 힘으로 살게 하소서.

9월 28일

화요일 비가 내린다. 오늘은 강의가 2시간 있다. 오랜만에 하는 강의라 준비를 했어도 신경이 쓰인다. 오늘은 운동은 쉬어야 할 것 같다. 퇴원 준비도 해야 하고 최선을 다해보자.

주님, 천상 양식을 받아 모시고 간절히 청하오니 저희가 복된 순교자 고르넬리오와 치프리아노를 본받아 성령의 힘으로 굳세어져 복음의 진리를 증원하게 하소서.

9월 29일

비 오는 수요일 아침이다.

오늘도 강의가 있어 오전 운동을 못 한다. 오후 시간은 운동 치료를 해야 한다. 힘들긴 하다. 오랜만에 강의가.

주님, 천상 은총으로 저희 몸과 마음을 이끄시어 저희가 제 생각대로 살지 않고 그 은총의 힘으로 살게 하소서.

9월 30일

흐린 목요일 아침이다.

5일 후면 입원한 지 만 2년이다. 힘든 시기였고 아직도 운동치료를 더 받아야 한다. 남은 시간도 변함없이 열심히 최선을 다해보자. 오늘도 파이팅 해보자.

주님, 천상 은총으로 저희 몸과 마음을 이끄시어 저희가 제 생각대로 살지 않고 그 은총의 힘으로 살게 하소서.

10월 1일

안개 낀 아침이다. 점점 확연히 좋아지진 않지만 좋아지는 것을 느낀다.

이제 4일 후면 2년이란 세월이 흘러간다. 힘들다, 많이. 체력적으로 정신적으로도 참고 운동치료를 최선을 다해보자.

주님, 주님의 성체로 저희에게 힘을 주시니 끊임없이 자비를 베푸시어 저희가 이 성사의 힘으로, 저희 삶에서 구원의 열매를 맺게 하소서. 우리 주 그리스도를 통하여 비나이다.

10월 2일

10월의 첫 번째 토요일. 날씨가 맑다. 운동치료 후 지루한 휴일. 정신적인 피로감이 몰려온다. 참고 최선을 다하는 방법밖에는 없다.

주 하느님, 영혼의 양식을 받아 모시고 비오니, 저희가 복되신 동정녀 마리아를 충실히 본받아 언제나 열심히 교회에 봉사하며 주님을 섬기는 기쁨을 누리게 하소서. 우리 주 그리스도를 통하여 비나이다.

10월 3일

일요일 날씨가 좋다. 대구 혜림 아빠(박정도)가 하늘나라로 가는 출상일. 병원에 있어 가보지는 못하지만 마음만은 함께이다. 잘 가시게나, 박정도. 문상 갔다 오면서 문병차 평택에 들려준 35년 지기 친구들 고맙다.

하루가 간다. 이틀 후면 발병된 지 2년. 길기도 하다.

10월 4일

아침 날씨가 흐리다. 혜림 아빠는 하늘나라에 잘 도착했을지? 이번 주부터는 운동치료가 추가되어서 힘이 들겠지만 열심히 해보자.

어제 한우도 친구들이 사주고 갔으니. 고마운 친구들. 35년을 만났는데도 변함이 없다. 좋은 친구들이다. 열심히 최선을 다해 좋아져서 퇴원하리라.

주님, 저희가 받아 모신 성체의 힘으로 복된 테레사가 주님께 바친 그 사랑이 저희 안에서도 타오르게 하시어 저희가 모든 사람의 구원을 위하여 자신을 바치게 하소서.

10월 5일

화요일. 날씨가 맑고 깨끗하다. 천고마비의 계절이다. 2년 전 오늘 순천에서 발병되어 2년 동안 병원 생활. 힘들고 지겹다.

언제인지 모르지만 최선을 다하고 퇴원해야 한다. 오늘도 후회 없는 하루가 되길 바라며.

주님, 이 성사로 영원한 생명의 양식을 주시니 천사들의 도움으로 저희가 평화와 구원의 길을 걷게 하소서.

10월 6일

수요일. 가을비가 촉촉이 내린다. 이번 주는 비가 계속 온다는 일기예보. 비가 그치면 쌀쌀한 날씨가 오겠지? 2년 하고도 1일. 참 긴 시간이었다.

주위의 원장님, 간호사, 치료사님들의 도움이 이 정도 완쾌를

시켜주었다. 고맙다. 비전병원, 잊지 못할 듯하다.

전능하신 하느님, 성체를 받아 모신 저희가 이 성사의 힘으로 자라나, 마침내 그리스도와 하나 되게 하소서. 우리 주 그리스도를 통하여 비나이다.

10월 7일

목요일. 비가 온다.

어제 2차 백신 맞고 잠을 설쳤다. 주사 맞은 곳이 붓고 아프다. 이달 25일에 2차 접종 확인을 받을 수 있다.

주님, 저희가 받아 모신 이 성체의 힘으로 복된 프란치스코의 사랑과 열정을 본받아 주님의 사랑을 깨닫고, 모든 사람의 구원을 위하여 온힘을 기울이게 하소서.

10월 8일

아침부터 비가 내린다. 6일 백신을 맞고 컨디션이 안 좋다. 여전히 운동치료 후 하루를 보내야 한다. 내일은 한글날. 정규 휴일 운동이 없다. 이번 주는 오늘 운동이 끝.

전능하신 하느님, 성체를 받아 모신 저희가 이 성사의 힘으로 자라나, 마침내 그리스도와 하나 되게 하소서.

10월 9일

한글날. 운동치료도 없다. 개인 운동은 밖에서 해야 한다. 손녀나 잠시 보고 와야겠다.

10월 10일

일요일. 트레드밀 20분 타고 전기치료 후 푹 쉬기로 했다.

10월 11일

날씨가 흐리다. 정신 차리고 최선을 다해야 한다. 조금 느슨해진 것 같다. 정신 차리자.

전능하신 하느님, 성체를 받아 모신 저희가 이 성사의 힘으로 자라나, 마침내 그리스도와 하나 되게 하소서.

10월 12일

아침저녁으로 이제 날씨가 싸늘하다. 환절기 감기 조심해야겠다. 3일 후면 비전병원에 입원한 지 2년이 된다. 많이 좋아졌지만 아직 최선을 다해야겠다. 트레드밀도 2회씩 25분 탄다.

주 하느님, 이 성사로 성자의 죽음과 부활을 전하는 저희가 성자의 고난에 참여하여 그 기쁨과 영광도 함께 누리게 하소서.

10월 13일

맑은 날씨다. 컨디션이 좋지 않다.

일기도 오늘은 접으련다.

10월 14일

날씨가 좋다. 목요일 힘들다. 요 며칠 힘이 든다. 하지만 해야한다. 이제 두 달도 안 남았다. 참고 견디고 열심히 운동을 해야한다. 최선을 다해본다.

전능하신 하느님 성체를 받아 모신 저희가 이 성사의 힘으로 자라나, 마침내 그리스도와 하나 되게 하소서.

10월 15일

평택 비전병원에 2년 전 오늘 입원했다. 25개월째 병원 생활이 힘들긴 하다. 하지만 몸 상태가 좋아지는 것을 느끼며 생활하다보니 벌써 2년이란 세월이 흘렀다. 그동안 너 잘했다.

주님, 이 성사로 영원한 생명의 양식을 주시니 천사들의 도움으로 저희가 평화와 구원의 길을 걷게 하소서.

10월 16일

토요일. 날씨가 맑고 서늘하다. 오전 2시간 운동치료 후 휴식. 지루한 이틀을 지내야 한다. 이것도 치료의 한 부분이라 생각한다. 공짜는 없다. 최선을 다하는 것밖에는. 2달 남았다.

전능하신 하느님, 성체를 받아 모신 저희가 이 성사의 힘으로 자라나 마침내 그리스도와 하나 되게 하소서. 우리 주 그리스도를 통하여 비나이다.

10월 17일

날씨는 좋은데 차가운 기온이 스며온다. 이발하고 오전 운동하고 쉬고 싶다.

주님, 저희가 받아모신 이 성체의 힘으로 복된 프란치스코 사랑과 열정을 본받아 주님의 사랑을 깨닫고 모든 사람의 구원을 위하여 온힘을 기울이게 하소서.

10월 18일 ───────────────────────

월요일 아침. 맑고 깨끗한 날씨 기온이 떨어져 춥다 한다.

이제 두 달도 안 남았다. 오늘 보험회사에서 온다. 아직도 입원하시고 계시냐는 말에 기분이 몹시 상한다.

오늘도 열심히 최선을 다하는 하루가 되길 빈다.

전능하신 하느님, 성체를 받아 모신 저희가 이 성사의 힘으로 자라나 마침내 그리스도와 하나 되게 하소서.

10월 19일 ───────────────────────

화창한 화요일 아침이다. 매일 똑같은 일상이 지겹기도 하지만 이제 남은 50여 일 동안 최선을 다해야겠다. 힘들고 체력도 저하되고 있기도 한다. 오늘도 화이팅하기로 해본다.

전능하신 하느님, 성체를 받아 모신 저희가 이 성사의 힘으로 자라나 마침내 그리스도와 하나 되게 하소서.

10월 20일 ───────────────────────

수요일. 날씨가 맑다. 기온은 5도. 차갑다. 2차 백신 2주차 확인증을 신청해야겠다. 걸음걸이도 많이 좋아졌다. 힘들지만 최선을 다해 노력해보자.

오늘 하루도 잘했다는 나 자신에게 칭찬해줄 만큼 최선을 다해보자.

주님, 엄위하신 주님 앞에 엎드려 비오니 저희를 그리스도의 거룩한 살과 피로 기르시어 그 신성에 참여하게 하소서. 우리 주 그리스도를 통하여 비나이다.

10월 21일

목요일 쌀쌀하지만 날씨는 맑다. 치과 예약도 하고 농업기술센터 소장과의 미팅이 잡혀 있다.

나비박물관 문제로 미팅이다. 저녁 식사 후 귀원해야 한다.

주님, 엄위하신 주님 앞에 엎드려 비오니, 저희를 그리스도의 거룩한 살과 피로 기르시어 그 신성에 참여하게 하소서.

10월 22일

금요일. 날씨가 맑다. 천고마비의 계절이다.

50여 일 동안 최선을 다해서 12월에 퇴원할 때 멋지게 나가고 싶다. 늦은 저녁을 어제 먹고 일 처리를 하고 귀원. 잘 마무리해서 마음이 편하다.

주님, 엄위하신 주님 앞에 엎드려 비오니 저희를 그리스도의 거룩한 살과 피로 기르시어 그 신성에 참여하게 하소서.

10월 23일

토요일. 날씨가 맑다. 운동치료와 전기치료로 오늘 운동치료는 끝난다. 지루한 토요일, 일요일 뭔가를 해야 하지만 출입 제한도 있고 날씨도 쌀쌀하다. 시간이 지날수록 정신적인 피로감은 더하다. 답답하고 힘들다. 컨디션 조절을 잘하고 열심히 하기로 마음을 잡아본다. 해가 지고 해가 뜨면 무덤으로 가는 시간은 가까워지는 것.

주님, 엄위하신 주님 앞에 비오니 저희를 그리스도의 거룩한 살과 피로 기르시어 그 신성에 참여하게 하소서.

10월 24일

일요일이다. 날씨는 무척 맑다. 날씨는 차갑다.

늦은 기상 후, 샤워 후 운동(개인 운동) 후에 아점을 샌드위치로 했다. 맛나게 먹고 6층에 가서 사과 5kg을 들고 와서 냉장고에 넣고 오늘도 쉬고 내일을 기대해본다.

주 하느님, 주님의 가족에게 천상 양식을 베풀어 주셨으니, 저희도 복된 테레사를 본받아 영원토록 주님의 자비로운 사랑을 즐거이 노래하게 하소서.

10월 25일

월요일. 맑은 날씨. 어제 독감 백신을 맞았는데 컨디션은 별로다. 이제 남은 50일 동안 최선을 다해 운동치료를 받아보기로 다짐한다.

치과도 11시 30분 예약이 되어 있다. 병원에 26개월 동안 힘든 일도 많았다. 비전병원이 나에게는 구세주 역할도 해주었다.

주님, 엄위하신 주님 앞에 엎드려 비오니 저희를 그리스도의 거룩한 살과 피로 기르시어, 그 신성에 참여하게 하소서.

10월 26일

화요일. 어제 치과에서 발치 3개 하고 일요일에 접종한 독감 주사의 여파가 있었나보다. 오늘도 컨디션은 별로이다. 하지만 오늘도 열심히 운동치료를 받아야 한다. 10시에 치과에 가서 어제 발치한 것 확인해야 한다.

주님, 저희가 천상 잔치에 자주 참여하여, 현세에서 도움도 받고 영원한 신비도 배우게 하소서. 우리 주 그리스도를 통하여 비나이다.

10월 27일

안개 낀 수요일이다. 어제는 치과에 외진 후 운동치료에 최선을 다했다. 컨디션을 회복하고 있다.

그동안 2년이 넘도록 나로 써는 최선을 하고 있지만 예후도 좋다 하고 상위 1%라 하지만…….정상의 80%면 최상이라 한다. 나의 목표는 90%이긴 하다.

전능하신 하느님, 하느님의 거룩한 제대에서 받아 모신 성체를 저희를 거룩하게 하시고 복된 루카가 전한 복음을 충실히 믿게 하소서.

10월 28일

목요일 아침. 날씨가 쾌청하다.

글도 틀을 잡아가고 있고 걸음걸이도 좋아지고 있다. 퇴원 전

그 동안의 재활과정을 책으로 출간 예정이다. 40여 일 남은 시간 최선을 다해 운동치료의 효과를 내야겠다.

다음 주부터는 1일 4,000보 이상을 걸으려 하고 있다.

화이팅하자.

주님, 저희가 천상 잔치에 참여하여 현세에서 도움도 받고 영원한 신비도 배우게 하소서.

10월 29일

금요일. 10월의 마지막 금요일이다.

어제는 5,000보를 걸었다. 앞으로 6,000보가 목표다.

가능할 듯하고 컨디션도 괜찮고 조금만 더 열심히 하면 12월 중순이면 퇴원 가능하다. 해보자. 12월 9일 아주대 외진 후 퇴원 준비를 해야겠다. 박물관 추진해야 하고 할 일이 많다. 책도 출간, 유튜브도 준비해봐야겠다.

주님, 저희가 천상 잔치에 자주 참여하여, 현세에서 도움도 받고 영원한 신비도 배우게 하소서.

10월 30일

10월의 마지막 토요일. 날씨는 흐리다. 오전 운동치료 후 개인 운동으로 내일까지 지내야 한다. 어제도 5,000보 이상 걷기를 했다. 힘들긴 해도 5,000보 이상을 유지하려 노력하고 있다. 오늘도 안전히 운동치료받길 기대한다.

주님, 성체 성사의 은혜를 풍부히 내려주시어 저희가 거행하는 이 신비를 그대로 실천하게 하소서.

10월 31일

할로윈데이. 10월의 마지막 일요일. 오늘도 밖에서 걸었다. 어제는 성경마트까지 왕복해서 1만 보 이상을 걸었다. 아직도 밖에서 걷는 것은 힘들다. 조심해서 걷자. 목표치 6,000보는 빼먹지 않아야 한다.

주님, 하느님의 어머니 복되신 동정녀 마리아를 공경하며, 구원의 성사를 받고 간절히 비오니 저희가 언제나 주님 구원의 열매를 맛보게 하소서. 우리 주 그리스도를 통하여 비나이다.

11월의 첫 번째 월요일 날씨가 맑지만 쌀쌀하다. 컨디션은 보통이다. 남은 45일 동안이 제2의 인생을 판가름한다는 생각으로 최선을 다해 운동치료와 개인운동을 열심히 할 생각이다. 책도 잘 진행되고 있고 감회로운 아침이다.

홀로 거룩하시고 놀라운 하느님, 모든 성인과 함께 하느님을 경배하며 은총을 간청하오니 저희가 하느님의 넘치는 사랑으로 거룩하게 되어 현세의 나그네 식탁에서 천상 고향의 잔치로 건너가게 하소서.

화요일. 아침 날씨가 흐리다. 황사일까?

어제는 8,000보 걷고 하루를 마감했다. 목표는 6,000보지만 시간 나는 대로 걷고 또 걷는다. 치과에서 병원까지 35분 동안 걸었다. 힘은 들었지만 희열을 느끼며 최선을 다했다. 오늘도 최선 아니면 차선이라도 포기는 없다.

주님, 세상을 떠난 주님의 종들을 위하여 파스카의 신비를 거행하고 비오니 그들을 빛과 평화의 나라로 이끌어주소서.

11월 3일

수요일 날씨가 맑지만 황사 현상 같은 날씨다. 어제도 8,000보 걷기도 하고 힘든 하루를 보냈다. 지하주차장이 나만의 운동장이 된다.

이효숙 환자. 볼 때마다 안타깝다. 동생 효정 씨의 언니를 대하는 모습은 감동이다. 착하다. 친정 가족들의 헌신적인 모습과 주님의 은총으로 분명 완쾌되길 바란다.

주님, 저희를 위하여 희생되시고 영광스럽게 부활하신 외아드님의 성체를 받아모시고 간절히 청하오니 세상을 떠난 주님의 종들의 파스카의 신비로 깨끗해지고 훗날 부활하여 영광을 누리게 하소서.

11월 4일

목요일. 황사인지 날씨는 좋은데 흐린 날씨다. 어제도 8,000보를 걷고 하루를 마감했다. 이제 남은 40일 동안 열심히 해서 멋진 모습으로 퇴원하고 싶다.

502호 전세연, 28세. 안타깝다. 빠른 쾌유를 빈다.

이효숙에게도 동생 효정 씨의 진정 어린 언니에 대하는 모습

너무 예쁘다. 간병인을 구한다.

주님의 은총으로 완쾌되길 기도한다.

김은미, 이주희, 천원정, 박나래, 유현희, 차선욱, 이주현 운동치료사……. 고맙다.

주님, 저희가 바친 이 제사를 받으시고 세상을 떠난 주님의 종들에게 풍성한 자비를 베푸시어 일찍이 세례의 은총을 받은 그들이 영원한 기쁨을 충만히 누리게 하소서.

11월 5일

금요일. 안개가 자욱이 껴 있다. 가시거리가 50m라 한다. 날씨가 흐리면 컨디션도 좋지 않다. 하지만 이 또한 과정이라 생각하고 노력해야겠다. 답답하고…… 연어장이라고 보내줬는데 처음 먹어보는 것. 오늘도 하루는 변함없이 일정은 똑같이 진행될 것이다.

주님, 천상의 성사로 저희를 새롭게 하셨으니, 저희에게 주님의 힘찬 능력을 드러내시어 주님께서 약속하신 은혜를 얻게 하소서.

11월의 첫 번째 주말, 토요일 아침 날씨가 맑다. 어제는 1만 보 이상을 걷고 운동을 마감했다. 아직도 걸음걸이는 부족한 점이 많다. 왼쪽으로 돌아 걷는 것과 오른쪽으로 걷는 것이 다르다는 것을 느낀다. 지하주차장에 요즘 운동하기가 좋다. 세연이, 소담이, 빠른 쾌유를 기도한다.

주님, 거룩한 신비에 참여하고 비오니 저희에게 굳센 정신을 심어주시어, 저희가 복된 가롤로처럼 형제들을 충실히 넘기며 온 마음으로 사랑을 실천하게 하소서.

일요일. 날씨가 맑다. 오늘은 8시 30분까지 늦잠을 자고 10시 책 문제로 미팅이 있다. 경기마트까지 걸으니 6,400보. 1만 보를 채우기 위해 지하에서 나머지를 채웠다. 힘들다.

주님, 천상의 성사로 저희를 새롭게 하셨으니 저희에게 주님의 힘찬 능력을 드러내시어 주님께서 약속하신 은혜를 얻게 하소서.

월요일. 아침 비가 내리고 있다. 비 온 후에 기온이 떨어진다 한다. 따뜻하게 입고 감기 조심해야겠다. 어제도 경기마트까지 1만 보 이상을 걸었다. 힘들긴 하지만 해볼 만하다.

뇌질환은 참 힘들고 끈기와 노력이 필요한 병이다. 28세의 세연이, 17세 소담, 46세 효숙…… 빠른 쾌유를 바란다. 오늘도 열심히 하는 하루가 되길 빈다.

주님, 저희가 성체로 힘을 얻고 감사하며 자비를 바라오니 저희에게 성령을 보내시어 성령의 힘으로 저희 사람을 변화시켜 주소서. 우리 주 그리스도를 통하여 비나이다.

화요일. 흐리다. 어제도 운동치료 후 개인운동으로 1만 보 운동을 끝내었다. 소희가 후드티를 입고 따뜻하게 운동을 했다.

1만 보가 나한테는 힘겨운 운동이다. 그래도 하루가 아까운 날이다. 나와의 약속이기 때문에 쉬지 않고 열심히 해야겠다. 흐린 날씨에는 컨디션이 좋지 않다.

주님, 저희가 성체로 힘을 얻고 감사하며 자비를 바라오니 저

희에게 성령을 보내시어 성령의 힘으로 저희 삶을 변화시켜주
소서.

11월 10일

수요일. 아침 날씨가 흐리고 7시 30분인데도 깜깜하다. 어제
는 개인운동으로 11,000보를 걸었다.

힘은 들지만 하루하루가 아까운 시간이기도 해서 열심히 운
동을 하고 있다. 개인적인 생각이지만 병원에는 3無가 있다.
돈, 학력, 나이…. 열심히 해서 퇴원하는 것이 우선이기 때문이
다. 오늘도 파이팅하기로 한다.

하느님, 교회를 통하여 저희에게 천상 예루살렘을 미리 보여
주셨으니 오늘 이 성사에 참여한 저희가 은총의 성전이 되고
마침내 영광스러운 하느님의 집에 들어가게 하소서.

11월 11일

빼빼로데이, 목요일. 날씨가 좋다. 차갑긴 해도 시원한 느낌
이다. 어제는 12,000보를 넘게 걸었다. 하루하루가 달라지는 것
을 느낀다. 어제는 세연이 걱정을 해결해주고 밝은 모습이 보

기 좋다. 퇴원 예정일 가까우니 그동안 함께 했던 치료사들의 말들이 생각난다. 철의 여인 조은수 병원장. 천사표 간호과장 민경두 님. 고맙다.

주님, 거룩한 양심으로 자라나는 교회를 인자로이 이끄시어 교회가 주님 사랑의 섭리로 더 많은 자유를 누리고 온전한 신앙을 끝까지 간직하게 하소서.

11월 12일

금요일. 맑고 쾌청한 날씨다. 26개월을 쉼 없이 달려 운동치료를 했다. 이제 하루 1만 보 이상을 걸으며 많이 좋아진 것을 느끼지만 퇴원 후가 더 힘들 것 같다. 준비는 많이 했지만 그래도 두렵다. 처음 입원했을 때는 손만이라도 자유스럽기를 바랬지만 이젠 글씨도 쓰고 걷기도 한다. 어렵고 힘든 싸움이었다. 하루하루가 전쟁처럼 살아온 듯하다. 이유가 무엇이었나 생각해본다. 목표가 있어야 하며 의지도 필요하고 몸 관리, 정신적 관리 역시 필요한 것이 바로 재활이다. 입원 날짜는 있지만 퇴원 날짜가 없는 재활……. 본인도, 식구들도 모두 어렵다.

2년 이상의 공백기 동안 많은 일을 잃어버렸다. 하지만 얻은 것도 있다. 건강과 맑은 정신이다. 이제 남은 35일, 한번 해보자. 기다려라. 나는 해냈다. 달려온 일주일. 다음 주도 최선을 다해보자.

주님, 일치의 성사로 힘을 얻은 저희가 모든 일에서 주님의 뜻을 충실히 따르고 복된 마르티노 주교를 본받아 자신을 기꺼이 주님께 봉헌하게 하소서.

11월 13일 —————————————————

토요일. 맑은 날씨다.

어제는 박물관 문제로 미팅을 하고 오후에 들어와 1만 보 걷기를 마쳤다. 힘든 하루였다. 퇴원 후 준비를 해야 할 시기이다. 시간이 갈수록 정신적 피로감이 커진다. 적응하고 노력해야겠다. 운동치료가 힘들지만 그동안의 결과를 보면 열심히 해야겠다는 생각이 든다. 병원에서의 생활은 매일 똑같지만 밖에는 잘 돌아가고 있다. 짜증 난다.

주님, 일치의 성사로 힘을 얻은 저희가 모든 일에서 주님의 뜻을 충실히 따르고 복된 마르티노 주교를 본받아 자신을 기꺼이 봉헌하게 하소서.

11월 14일

비전병원에 입원한 지 25개월 되는 날이다. 일요일 아침, 날씨가 맑고 쾌청하다. 4월 30일 퇴원했던 문철준이 병문안을 왔다. 고맙다, 후배. 맑은 공기를 마시며 함께 성경마트까지 걸어서 다녀왔다. 오늘은 경기마트 통복천 물길을 따라 걷는 것도 좋다. 환측 다리에 힘도 좋아졌다. 오늘도 1만 보 이상 걷고 쉬었다.

주님, 이 거룩하신 성체를 받아 모시고 간절히 비오니 성자께서 당신 자신을 기억하여 거행하라 명하신 이 성사로 저희가 언제나 주님의 사랑을 실천하게 하소서. 우리 주 그리스도를 통하여 비나이다.

11월 15일

월요일. 아침 날씨는 흐리다. 왠지 컨디션이 좋다. 의미는 없다. 매일 1만 보 이상의 걸음이 많은 도움이 될 듯하다.

이제 퇴원 1개월 전이다. 더욱 열심히 해서 최고의 상태로 퇴원하리라. 너무 조급해하지 말자. 천천히 가도 얼마든지 먼저 도착할 수 있다.

주님, 이 거룩하신 성체를 받아 모시고 간절히 비오니 성자께서 당신 자신을 기억하여 거행하라 명하신 이 성사로 저희가 언제나 주님의 사랑을 실천하게 하소서.

11월 16일

화요일 아침. 황사가 낀 것 같이 흐리다. 하루하루가 중요하지만 앞으로 30일이 더 중요하다. 퇴원을 앞두고 있기 때문이다. 내려놓는 마음이 왠지 두렵다. 혹 재발은 되지 않을까 하는 걱정인 듯하다. 외로운 재활과의 싸움이 밖에서도 가능할지도 미지수다. 하지만 오늘도 열심히 해보자.

주님, 이 거룩하신 성체를 받아 모시고 간절히 비오니 성자께서 당신 자신을 기억하여 거행하라 명하신 이 성사로 저희가 언제나 주님의 사랑을 실천하게 하소서.

11월 17일

수요일 아침. 쾌청한 날씨다. 어제도 1만 보 이상을 걷고 늦게 잠이 들었다. 위드 코로나가 시작되는 시점에 퇴원을 하니 더욱 조심해야 할 일이다. 두려움도 밀려오는 게 솔직한 심정이다. 하면 할수록 힘든 게 재활이다. 모든 과정이 힘들고 본인의 노력에 의해서 예후가 좋아진다고 믿는다. 비전병원 환우들이 빨리 쾌유되길 기도한다.

주님, 저희가 거룩한 신비로 힘을 얻고 비오니 복된 엘리사벳을 본받아 정성을 다하여 주님을 섬기며 주님의 백성을 힘껏 사랑하게 하소서.

11월 18일

목요일 아침. 전형적인 가을 날씨다. 수능 시험날이다. 내가 아는 분 중 몇 분의 자녀가 시험을 본다. 좋은 결과가 나오길 기대한다. 어제는 좀 춥게 잔 듯 아침 컨디션이 좋지 않다. 1만 보는 매일 걷고 있다. 조급해하지 말자. 여기까지도 왔는데 뭔들 못하겠나. 자신 있게 노력하면 지금보다 더욱 좋아질 것이다. 믿는다.

주님, 이 거룩하신 성체를 받아 모시고 간절히 비오니 성자께서 당신 자신을 기억하여 자행하라 명하신 이 성사로 저희가 언제나 주님의 사랑을 실천하게 하소서.

암에 걸려도 살 수 있다

'난치성 질환에 치료혁명의 기적' 통합치료의 선두 주자인 조기용 박사는 지금껏 2만 여명의 암환자들을 통해 암의 완치라는 기적 아닌 기적을 경험한 바 있으며, 통합요법을 통해 몸 구조와 생활습관을 동시에 바로잡는 장기적인 자연면역재생요법으로 의학계에 새바람을 몰고 있다.

조기용 지음 | 255쪽 | 값 15,000원

암에 걸린 지금이 행복합니다

대한민국 국민들의 3명중 1명이 걸린다는 현대인의 무서운 질병 '암' 이야기를 통해 많은 암 환자들에게 '살 수 있다'는 희망의 메시지를 전하고 진단 과정부터 치료 과정까지 '하지 말아야 할 것'과 '반드시 해야 할 것'을 전달함으로써 암 치료를 위한 똑똑하고 현명한 대처 방안을 제시한다.

곽희정 · 이형복 지음 | 246쪽 | 값 15,000원

공복과 절식

최근 식이요법과 비만에 대한 잘못된 지식이 다양한 위험을 불러오고 있다. 이 책은 최근 유행의 바람을 몰고 온 1일 1식과 1일 2식, 1일 5식을 상세히 살펴보는 동시에 식사요법을 하기 전에 반드시 알아야 할 위험성과 원칙들을 소개하고 있다.

양우원 지음 | 274쪽 | 값 14,000원

먹지 않고 힘들게 살을 빼는
혹독한 다이어트는 이제 그만!
다이어트 정석은 잊어라

살을 빼기 위해서 적게 먹는 혹독한 다이어트로 인해 발생하는 문제점과 지금까지 다이어트가 실패할 수밖에 없었던 원인을 밝힌다. 이 책은 해독 요법만큼 원천적이고 훌륭한 다이어트는 없다는 점을 강조하는 동시에, 균형 잡힌 식습관을 위해서는 일상 속에서 무엇을 알아야 하는지를 상세하게 설명하고 있다.

이준숙 지음 | 152쪽 | 값 7,500원

우리 가족의 건강을 지키는
최고의 방법 내 병은 내가 고친다!
질병은 치료할 수 있다

50년간 전국 방방곡곡에서 자료 수집 후 효과를 검증받아 쉽게 활용할 수 있는 가정 민간요법 백과서이며 KBS, MBC 민간요법 프로그램 진행 후 각종 언론을 통해 화제가 되기도 하였다.

구본홍 지음 | 240쪽 | 값 12,000원

자연치유 전문가 정용준 약사의
노니건강법

노니에 대한 성분과 기능에 대해 설명하고 있다. 또한 국내에서 노니가 적용될 수 있는 다양한 질병 등을 소개하고 실생활에서 노니를 활용한 건강법을 안내한다.

정용준 지음 | 156쪽 | 값 12,000원

톡톡튀는 질병 한 방에 해결

인체를 망가뜨리는 환경호르몬, 형광물질로 얼룩
진 화장지, 방부제의 위협을 모르는 채 매일 먹고
있는 빵, 배불리 먹는 만큼 활성산소의 두려움에 떨
어야만 하는 우리 몸의 그늘진 상처를 과감히 파헤
치고 있다.

우한곤 지음 | 278쪽 | 값 14,000원

건강의 재발견 벗겨봐

지금까지 믿고 있던 건강 지식이 모두 거짓이라면
당신은 어떻게 하겠는가? 이 책은 건강을 위협하는
대중적인 의학적 맹신의 실체와 함께 잘못된 건강
정보에 대해 사실을 밝히고 있다.

김용범 지음 | 275쪽 | 값 13,000원

현대의학으로 증명된
김치유산균

미국 건강잡지〈헬스 매거진〉에서 세계5대 건강식
품으로 소개된 김치!
한때 김치는 냄새와 맛 등으로 외국인들에게 거부
감을 주는 음식이지만 김치유산균에 들어있는 유
산균이 다른 발효음식을 능가하는 풍부하고도 다
양한 효능으로 조명 받고 있다.

신현재 지음 | 120쪽 | 값 7,500원

진정한 건강 식단은
'개인별 맞춤식 식단'에서 시작된다
한국인의 체질에 맞는 약선밥상

한국 전통 약선의 기본적인 주요 개괄을 설명하는
동시에 이를 실생활에 응용할 수 있도록 했다. 우리
가 현재 먹고 있는 밥상이 얼마나 건강한 것인지,
나와 내 가족에게 얼마나 적합한 것인지 고민하는
모든 분들께 이 책이 작고 큰 도움을 제공할 것이다

김윤선 · 이영종 지음 ㅣ 216쪽 ㅣ 값 11,000원

효소 건강법

당신의 병이 낫지 않는 진짜 이유는 무엇일까?
병원, 의사에게 벗어나 내 몸을 살리는 효소 건강법
에 주목하라! 효소는 우리 몸의 건강을 위해 반드시
필요한 생명 물질이다. 이 책은 효소를 낭비하는 현
대인의 생활습관과 식습관을 짚어보고 이를 교정
함으로써 하늘이 내린 수명, 즉 천수를 건강하게 누
리는 새로운 방법을 제시하고 있다.

임성은 지음 ㅣ 264쪽 ㅣ 값 12,000원

20년 젊어지는 비법 1, 2

한국인들의 사망률 1,2위를 차지하는 암과 심장질
환은 물론 비만, 제2형 당뇨, 대사증후군, 과민성대
장증상 등 각종 질병에 대한 치료정보를 제공, 스스
로가 자신의 질병을 치유하고 노화를 저지하여 무
병장수하도록 평생건강관리법의 활용방법을 제시
하고 있다.

우병호 지음 ㅣ 1권:380쪽, 2권:392쪽 ㅣ 값 각권 15,000원